TRAITÉ
DES CAUSES NATURELLES
DU FLUX,
ET DU
REFLUX
DE LA MER.
Par SCALBERGE Miniere.

A CHARTRES,
Chez CLAUDE PEIGNE & ESTIENNE MASSOT.
Imprimeurs.

M. DC. LXXX.
AVEC PRIVILEGE DV ROY.

PRIVILEGE DV ROY.

LOUIS, Par la grace de Dieu, Roy de France & de Navarre : A nos amez & feaux Conseillers, les Gens tenans nos Cours de Parlement, Maistres des Requestes ordinaires de nôtre Hôtel, Prevost de Paris, Baillifs, Seneschaux, leurs Lieutenans Civils & autres nos Justiciers & Officiers qu'il appartiendra : Salut, Nôtre bien amé CHARLES SCALBERGE, Nous a fait remonstrer qu'il a composé un Livre intitulé, *Le Traité des Causes Naturelles du Flux & du Reflux de la Mer*, lequel il desireroit faire imprimer & donner au Public ; mais il craint qu'en ayant fait la dépense, d'autres le voulussent imprimer à son préjudice, s'il ne luy estoit pourveu de nos Lettres de Privilege sur ce necessaires, qu'il nous a tres-humblement fait supplier luy octroyer. A ces causes, voulant favorablement traiter l'exposant, Nous luy avons permis & accordé, permettons & accordons par ces presentes de faire imprimer ledit Livre par tel des Imprimeurs par Nous reservez, en tel volume, marge, caractere & autant de fois que bon luy semblera, pendant le tems de sept années consecutives à commencer du jour qu'il sera achevé d'imprimer, iceluy vendre & distribuer par tout nôtre Royaume. Faisons deffenses à tous Libraires, Imprimeurs & autres d'imprimer, faire imprimer, vendre & distribuer ledit Livre, sous quelque pretexte que ce soit, même d'impression étrangere & autrement sans le consentement dudit exposant ou de ses ayant cause, sur peine de confiscation des exemplaires contrefaits, amende arbitraire, dépens, dommages & interests ; à la charge d'en mettre deux exemplaires en nôtre Bibliothecque publique, un autre en nôtre Cabinet des livres de nôtre Chasteau du Louvre, & un autre en celle de nôtre tres-cher & feal Chevalier Chancelier de France, le sieur Seguier, à peine de nullité des presentes, du contenu desquelles vous mandons & enjoignons faire joüir l'exposant & ses ayant cause pleinement & paisiblement, cessant & faisant cesser tous troubles & empêchemens au contraire. Voulant qu'en mettant au commencement ou à la fin dudit Livre l'Extrait des presentes, elles soient tenuës pour deuëment signifiées, & qu'aux copies collationnées par l'un de nos amez & feaux Conseillers, Secretaires foy soit ajoûtée comme à l'Original. Mandons au premier nôtre Huissier ou Sergent faire pour l'execution des presentes toutes significations, deffenses, saisies & autres actes requis & necessaires, sans demander autre permission, nonobstant clameur de Haro, Chartre-Normande & Lettres à ce contraire : Car tel est nôtre plaisir. Donné à saint Germain en Laye le vingtiéme jour de Fevrier l'an de grace mil six cens soixante-huit & de nôtre Regne le vingt-cinquiéme.

Par le Roy en son Conseil, PAPAREL.

Achevé d'imprimer pour la premiere fois, le vingtiéme Avril mil six cens quatre-vingt.

Les Exemplaires ont esté fournis.

Regiftré fur le Livre de la Communeauté des Libraires & Imprimeurs de Paris le troifiéme Avril 1680. fuivant l'Arreft du Parlement du huitiéme Avril mil fix cens cinquante-trois, & celuy du Confeil Privé du Roy du vingt-feptiéme Février mil fix cens foixante-cinq.
Signé,   C. ANGOT. Syndic.

LE TRAITÉ
DES CAUSES NATURELLES

du Flux & du Reflux de la Mer.

Examen du Principe des Auteurs, sur le
Flux & le Reflux de la Mer.

OMME les Flux & les Reflux de la Mer
sont tout-à-fait bien reglez, & qu'aux
centres à centres de leur décharge, l'heure & les minutes de leur arrivée sont perpetuellement certaines d'un jour à l'autre,
il est fort constant que pour declarer qu'elle est cette cause du Flux & du Reflux, il faut prendre
un principe qui soit exemt de vicissitude, d'alteration &
d'aucun changement.

Quelques-uns ont crû que les Vents étoient la cause
du Flux & du Reflux. Mais comme chacun sçait qu'il
n'y a que de l'inconstance dans les vents; que tantôt ils
sont forts & tantôt foibles, je ne m'amuseray pas à com-
battre cette opinion, puisqu'elle se détruit d'elle-même :
estant certain que si les Flux & les Reflux dépendoient des
vents, il devroit arriver qu'ils ne pourroient se dispenser

A

de croître ou de décroître suivant que les vents seroient
plus ou moins forts. Cependant on ne voit point que cela arrive de la sorte ; mais au contraire il n'y a rien de
mieux reglé que le Flux & le Reflux de la Mer.

D'autres ont voulu donner la cause du Flux & du Reflux au mouvement qu'ils se sont imaginez que la terre
faisoit le long de l'Axe : c'est à dire que la terre se meut
du Sud vers le Nord, & en suite revient du Nord vers le
Sud, en sorte que se faisant desenflement en la partie de
l'Hemisphere du Sud, ce desenflement fait l'enfleure en
la partie du Nort, & que reciproquement la terre venant
à se mouvoir le long de cét Axe du Nord vers le Sud,
l'enflure du flux paroît dans la partie de l'Hemisphere
du Sud, & qu'alors à son tour la partie du Nord a son
reflux. Mais ce principe est bien éloigné du sujet, estant
certain qu'il est détruit par tout ce que l'on observe generalement dans le Flux & le Reflux : n'estant nullement
vray que le Flux & le Reflux de la mer ait son haussement
& son abaissement dans une si vaste étenduë de l'Hemisphere Sud, pour remplir la partie de l'Hemisphere Nord,
où encore que la partie Orientale de 90. degrés par son
desenflement, fasse enfler une étenduë de 90. degrés en
la partie Occidentale, qui seroit plus de 1800. lieuës de
mer en haute mer, & plus de 1800. de mer en basse mer.
Et aussi si les Flux & les Reflux n'estoient causez que par
le mouvement de la terre le long de ce prétendu Axe,
les flux & les reflux seroient sensibles en toutes les rivieres aussi bien qu'en la mer.

Plutarque ,
Livre 3. des
opinions des
Philosophes

Aristote & Heraclite ont dit que c'estoit le Soleil qui
faisoit le Flux, d'autant que c'est luy qui excite & mene
avec soy la plûpart des vents, lesquels venans à donner

dedans la mer Oceane enflent la mer Atlantique & ainſi
fait le Flux, puis venans à ceſſer, la mer ſe retire, & ainſi
cauſe le Reflux. Pithéas de Marſeille a tenu que la Pleine-
Lune eſt la cauſe du Flux, & le Decours celle du Reflux.
Platon l'attribuë à un ſoulevement des eaux qu'il dit por-
ter ça & là à travers la bouche d'un pertuis le Flux & le
Reflux, par le moyen duquel les mers ſont oppoſitement
tourmentées. Timæus en donne la cauſe aux rivieres qui
entrent dans la mer Atlantique tombans des montagnes
des Gaules, qui par leurs irruptions & entrées violentes
en pouſſant les eaux de la mer font le Flux, & en ſe re-
tirans par intervalles, quand ils ceſſent ils cauſent le Reflux. Seleucus le Mathematicien qui a crû la terre mobile, dit que ſon mouvement eſt contraire à celuy de la Lune, & que le vent qui eſt tiré ça & là à l'oppoſite par ces
deux contraires revolutions, venant à donner dans l'O-
cean Atlantique broüille auſſi la mer à meſure qu'il ſe
remuë.

Repreſentation de la Figure de Mr. Deſcartes ſur le ſujet
du Flux & du Reflux de la Mer.

BIen que l'on reüſſiſſe en pluſieurs ſujets comme a
fait Mr. Deſcartes, il ne s'enſuit pas qu'une bonne
piece en doive faire valoir une mauvaiſe. A la verité je
n'ayme guere de refuter les opinions des Autheurs; mais
parce que celuy-cy eſt en eſtime, je trouve qu'il eſt bon
de deſabuſer le vulgaire des ſentimens qu'il a eus ſur
le Flux & le Reflux de la mer.

Pour le Flux & le Reflux de la mer, quoy qu'il dé-
pende entierement de la ſuitte de mon Monde, & que je

Opinion de
M. Deſcar-
tes pag. 242

A ij

ne le puisse expliquer separement , toutesfois à cause que
je ne vous puis refuser je tâcheray d'en dire icy mon opinion.

Soit T, la terre, E F G H, l'eau qui est au dessus de
cette terre , L , la Lune , A B C, le Ciel que je conçoy
comme une liqueur qui tourne continuellement au tour
de la terre, enforte qu'il n'y a rien du tout qui la soûtien-
ne au lieu où elle est , que le mouvement circulaire de
cette liqueur , lequel la tiendroit toûjours exactement
dans le

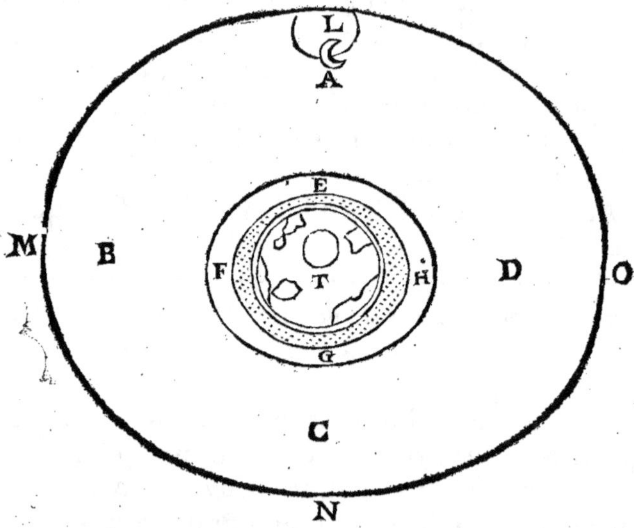

centre du Ciel , si la Lune ne l'empêchoit point; car la
même matiere qui passe vers B. passe aussi vers C. & vers
D. auroit besoin d'autant d'espace d'un côté de la terre
que de l'autre , & ainsi la presseroit également de tous
côtez. Mais la Lune se trouvant dans le Ciel vers la su-

perficie , elle est cause que la matiere du Ciel presse un peu davantage la terre vers C. que vers F. ny vers H. au moyen de quoy cette terre sort quelque peu du centre du Ciel , & s'approche vers N. ce qui fait que l'eau qui est vers C. & vers G. est aussi un peu plus pressée & abaissée, que celle qui est vers F. ou vers H. Or à cause que la terre tourne en 24. heures au tour de son centre , le même endroit de cette terre, qui est maintenant au point E. où il y a basse marée , sera dans six heures au point F. où il y a haute marée, & dans 12. heures au point G. où il y a derechef basse marée. Et de plus à cause que la Lune fait aussi le même tour presque en 30. jours, il faut ajoûter environ deux cinquiémes parties d'une heure à chaque marée , ensorte qu'elle employe environ douze heures & 24. minutes à monter & à décendre en chaque lieu.

Oûtre cela je trouve que le Ciel L M N O. n'est pas exactement rond , mais un peu en ovale, & que la Lune estant pleine ou nouvelle, se trouve dans le plus petit Diametre de cette ovale , ce qui est cause que les marées sont plus grandes alors qu'aux autres temps.

Réponses aux Principes de Monsieur. Descartes sur le Flux & le Reflux de la Mer.

QUand on demeureroit d'accord du pretendu monde de Mr Descartes , & que la terre tournast au tour de son centre en 24. heures comme il l'a crû, il n'y a neanmoins rien de plus éloigné que tout ce qu'il dit du Flux & du Reflux.

Que ce soit le Soleil ou la Lune qui soient cause du Flux , cela n'importe pour détruire ce qu'il en dit. Si

je mets le Soleil ou la Lune au Nord , & que je dife
qu'il y a baffe mer au Sud & au Nord , c'eft s'éloigner
de la verité ; car le Sud & le Nord reçoivent l'enfleure
en méme tems. Mais pour toûjours faire connoître que
Mr Defcartes n'a jamais connû le Flux & le Reflux, je
rapporteray encore cette verité, que tout au tour du Globe les hautes & baffes. mers font entrelacées les unes entre les autres. Or de démonftrer comment cela ce fait,
c'eft en cela démonftrer le Flux & le Reflux de la mer.

Je n'ignore pas le retard que la Lune fait de revenir au
meridien où elle eftoit le jour precedent. Il y en a qui
difent, pour conformer ce retard à celuy du Flux , qui
d'un jour à l'autre eft de 48. minutes, que le retard de
la Lune eft de 48. minutes ; mais cela n'eft pas tout à fait
jufte ; car le retard de la Lune eft de 13. degrez & 43. fecondes ; qui valent en minutes d'heure, 53. minutes 27.
tierces 2. quartes & 30. cinquiémes.

Mais je coupe chemin à cette difference de retard lors
que je rapporte que la Lune n'a aucune part en ce retard.
Car par la chofe de fait on doit fçavoir , que ce retard
n'arrive que par le tems de 12. minutes d'heure dont les
eaux de l'Ocean demeurent immobiles ; & laquelle immobilité des eaux eft toûjours reglée, fçavoir, qu'aprés
fix heures de Flux , les eaux eftant de toutes parts unies,
il fe fait immobilité des eaux , & pareillement il s'en
fait encore une pendant le tems de 12. minutes aprés 6.
heures de Reflux ; en forte qu'en un jour y ayant deux
Flux & deux Reflux , il y a 48. minutes de retard de la
marée d'un jour à l'autre. Or de donner cela par demonftration, c'eft en cela demonftrer le Flux & le Reflux.

Pour raifon de l'augmentation & de la diminution

des Marées, Mr Defcartes fuppofe que les pleines & les nouvelles Lunes ne fe font jamais que dans le Perigée, & qu'alors la Lune approchant plus prés de la Terre, c'eft la caufe que les Marées font plus grandes qu'aux autres tems. Et pareillement il fuppofe que les quadratures de la Lune ne fe faifant que dans l'Apogée, qui eft le point le plus éloigné de la Terre, par cette caufe les Marées font plus foibles. Mais Mr Defcartes s'eft fait un tres-grand tort d'avoir mis cela en avant; car les pleines, les nouvelles Lunes & les quadratures fe font & fe rencontrent autant dans le Perigée que dans l'Apogée, & je pourrois dire icy, que d'avoir parlé autrement, s'eft s'être éloigné de l'Aftronomie & de fon experience.

Une chofe de fait (qui eft que les hautes Mers font entrelacées avec les baffes Mers tout au tour du Globe) engage nôtre raifon de fuivre le même effet, & par luy-même en diftinguant les diverfes formes de la Terre, connoître la raifon pourquoy les Flux & les Reflux font ainfi entrelacez les uns entre les autres.

N'y ayant donc rien dans la nature qui ne fe faffe par ordre & par raifon, je porte mon genie à confiderer la diverfe forme de la Terre, & alors je trouve dans cette même forme de la Terre, que fi tout au tour du Globe quantité de lieux, rivieres & fleuves reçoivent pendant les premieres 6. heures du cours du Soleil, une décharge d'eaux que nous appelons le Flux, cela fe fait par les reciproquations d'enfleures. Et fi dans le même tems d'autres endroits de rivieres & de fleuves tout au tour du Globe ont le Reflux, c'eft que l'enfleure qui dés les premieres 6. heures fe forme, & qui par reciproquation la donne en divers lieux, prend fa décharge en tous les en-

droits les plus creux & ouverts; parce qu'alors la Terre
& les rivieres de pareils endroits luy fervent de fupport
& de centre.

L'erreur de ceux qui ont écrit du Flux & du Reflux
fera évidente , fi on s'attache à connoître cette verité ,
qu'en un tres-petit efpace des rochers la Mer croît & décroît. Que les hautes & baffes Mers font veuës croître
& décroître de 6. heures 12. minutes en 6. autres heures
12. minutes, fçavoir de l'Orient vers le Sud, & du Sud
vers l'Orient ; du Sud vers l'Occident , & de l'Occident
ver le Sud; de l'Occident vers le Nord , & du Nord vers
l'Occident ; du Nord vers l'Orient , & de lOrient vers
le Nord. Et ainfi les Autheurs qui ont écrit fur ce fujet,
ont efté bien éloignez de dire ce qui en eft , puifqu'il ne
s'en trouve aucun qui ait fçeu les croiffemens & les décroiffemens comme je vous les viens de dire qu'ils fe font
en méme tems, & tous entrelacez les uns entre les autres.

Or de donner raifon comment fe font de 6. heures en
6. heures ces differents croiffemens & décroiffemens des
Flux à Flux , & des Reflux à Reflux , tous tres-prés à prés
& entrelacez les uns entre les autres. De dire pareillement la caufe pourquoy la Mer groffit pendant plufieurs
jours deux fois par mois. Pourquoy elle groffit deux
fois par an. Pourquoy il n'y a point ou peu de Flux en
certaines Mers , & qu'il y en a beaucoup en d'autres. Pourquoy dans des rivieres le Flux eft de 6. heures, & le Reflux de 6. heures. Pourquoy en d'autres le Flux eft de 5.
heures & le Reflux de 7. Pourquoy Flux de 4. heures &
le Reflux de 8. Ce font toutes chofes fur lefquelles j'ef-
pere ne point fatisfaire de paroles , mais les prouver toutes par des preuves convaincantes; puifque je ne pretend
                                                    rien

rien dire que je n'en rapporte les démonstrations.

De la Lumiere.

DAns ce Traité du Flux & du Reflux de la Mer nous parlerons de la Lumiere, d'autant que c'est à sa puissance & aux rayons du Soleil que nous donnons la cause du Flux & du Reflux de la Mer.

La Lumiere en tant que ramassée au corps du Soleil, sera considerée comme une flâme liquide, un feu Celeste perpetuellement agissant, resistant à tous les autres Estres, & exemt de cessation, de vicissitude & de changement. Quelques-uns pour faire entendre leur sentiment sur le sujet de la Lumiere, ont dit qu'elle estoit l'image de la clarté. Mais pour moy considerant la Lumiere en tant qu'elle part du Soleil, qu'elle agit sur la Terre, & qu'elle nous éclaire, je l'appelle agente, feu Celeste, flâme liquide dont la Lumiere est communiquée en toutes sortes de distances en un instant. Cela posé, je dis que pour definir la Lumiere ce n'est pas assez de declarer qu'elle n'est autre chose que l'image de la clarté, puisqu'il n'y a aucune proportion entre une chose qui a un être, & une image qui n'en a point. Et de fait lors qu'une chandelle vous éclaire pendant la nuit, si vous presentez vôtre main entre la chandelle & la paroy, cette image noire qui est representée par l'ombre, n'est rien quoy qu'elle soit dite l'image de vôtre main. Or je veux bien croire que ceux qui ont ainsi dit, que la Lumiere estoit l'image de la clarté, n'ont nullement entendu qu'elle fust exemte d'agir plus subtilement que tous les autres Estres. A cét égard on peut dire que plus l'Estre est imperceptible,

B

plus eſt-il ſubtil & opere avec plus de force & de viva-
cité que ceux qui le ſont moins que luy. Enfin quoy-
que les effets des rayons du Soleil ſoient en beaucoup
d'égards tres-imperceptibles à la pluſpart de nos ſens,
& qu'ils n'en puiſſent déterminer le nombre, neanmoins nous ne devons pas laiſſer de conſiderer la Lumiere comme l'Eſtre, qui de tous eſt le plus capable de
faire & de former les grands effets que nous voyons dans
la Nature, puiſqu'elle n'eſt ſujette à aucune viciſſitude,
ny à aucun changement.

De la *Mobilité de la Terre* ou de ſon *Immobilité*.

L'Opinion de Ptolomée eſtoit, que la Terre occu-
pant le centre de l'Univers, y demeuroit immobi-
le, & que le Soleil avec toutes les Etoilles tant fixes qu'er-
rantes tournoient à l'entour d'elle.

Oûtre le huitiéme Ciel appellé Firmament où ſont
les Etoiles fixes, pluſieurs Aſtronômes en admettent encore un neufiéme, & en ſuite un dixiéme, appellé premier Criſtalin, & un onziéme appellé ſecond Criſtalin.
Au regard du periode de leur mouvement je n'en parle
pas icy, les opinions eſtant tres-diverſes.

L'opinion de Copernic a eſté que le Soleil ſe repoſoit
au centre du Monde, & que la Terre & les autres Planetes font leurs revolutions autour de luy : mais que le
Ciel des Etoiles fixes demeure immobile.

L'opinion de Tycho-brahé étoit que la Terre demeuroit immobile au centre du Monde, autour de laquelle
le Firmament & les Etoiles fixes font leur cours ; n'y

ayant qu'elles avec le Soleil & la Lune qui ayent la Terre pour centre de leur mouvement, pendant que Saturne, Jupiter, Mars, Venus, & Mercure ont le Soleil pour
centre autour duquel ils font leur cours.

Des trois opinions (en admettant un Perigée & un
Apogée au Soleil) je suis pour celle de Tycho-brahé ;
veu qu'elle rend raison des difficultez que Copernic rencontre en l'opinion de Ptolomée : & de plus c'est qu'admettant la Terre immobile, cette opinion ne choque
point l'Ecriture Sainte : & aussi est-elle si vray-semblable,
qu'elle nous aprend beaucoup mieux que les autres la
certitude du cours des Planettes.

,,   Le Pseaume 92. nous dit que le Seigneur a asseuré
,,les fondemens de la Terre, en sorte qu'elle ne sera point
,,ébranlée. Et aussi du temps de Josué, pour faire passer
,,les Enfans d'Israël au travers de la mer rouge, le Soleil
,,s'arresta en Gabaon, & partant le Soleil n'est pas immo-
,,bile, mais mobile.

Mon opinion n'estant pas que la terre soit mobile,
mais immobile, je dis que si la Terre avoit quelque mouvement, ce mouvement devroit estre local d'un lieu à un
autre, ou circuliare. Qu'estant local elle se mouveroit de
haut en bas, ou de bas en haut ; ce qui ne se peut, d'autant que c'est contre la nature des choses pesantes. Et s'il
n'en estoit pas de la sorte, il arriveroit qu'estant au milieu, qui est son centre, elle monteroit de quelque part
qu'elle changeât. Ce qui devroit arriver par nature ou
par violence, par nature il ne se peut ; veu que le mouvement contraire au milieu n'est pas naturel, mais vio-
lent. Quand au circulaire qu'on luy voudroit donner,
je dis, si il y en avoit un, qu'il faudroit qu'il se fist sur

l'Axe du Monde ou fur quelqu'autre. Si c'eſtoit fur
l'Axe du Monde, il faudroit qu'elle fiſt ſon tour en 24.
heures à cauſe du premier mobile ; ſi bien que par un
mouvement ſi rapide, les maiſons ſeroient ébranlées,
les nuës, les oyſeaux, & tout ce qui ſeroit en l'air, ſeroient veus demeurer vers l'Occident, ne pouvant ſuivre
la Terre dont le mouvement ſeroit ſi precipité. Mais
elle ne ſe meut pas auſſi ſur un autre Axe, quelque lent
mouvement qu'on luy puiſſe donner ; parce qu'il en
reſulteroit cét inconvénient, qu'une Ville qui ſeroit plus
ou moins voiſine du Pole, auroit diverſes élevations :
que les diſtances de deux Etoiles obſervées par les inſtru-
ments ordinaires, ne nous paroîtroient pas toûjours é-
gales comme elles ſont : que les Equinoxes ne ſe feroient
point par tout le monde quand le Soleil entre aux ſignes
du Belier & de la Balance : que les longs jours artifi-
ciels n'égaleroient pas les longues nuits artificieles : que
les ombres Orientales & Occidentales des Stiles des Qua-
drans ſeroient de grandeur inégale, le Soleil êtant en
méme élevation.

Tout ainſi qu'en ſoufflant un pois par le tuyau d'un
chalumeau, nous voyons ce pois ſe tenir en l'air, de
méme je conſidere que la Terre étant de toutes parts
repouſsée par l'Air, ſe tient mal-gré elle à ſon centre
ſans pouvoir s'en tirer, & ainſi ne peut jamais ſe mouvoir de ſon lieu.

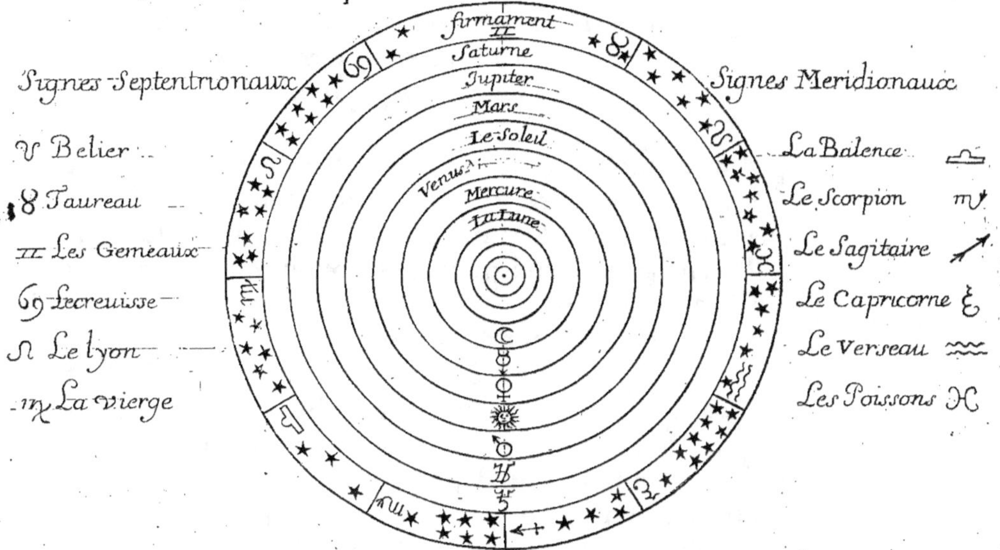

Opinion de
Ticho Brahé

Opinion de
Copernic

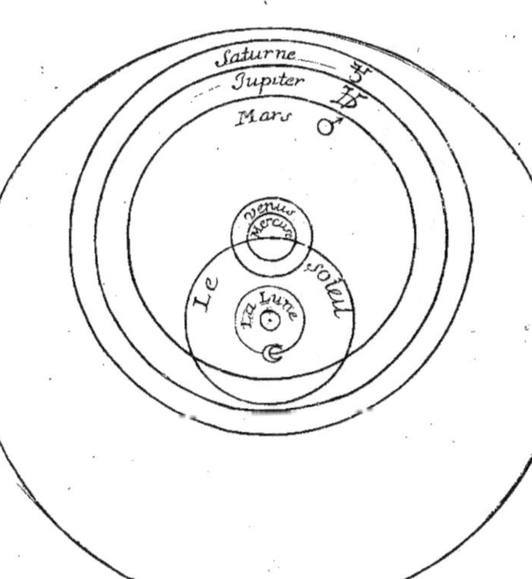

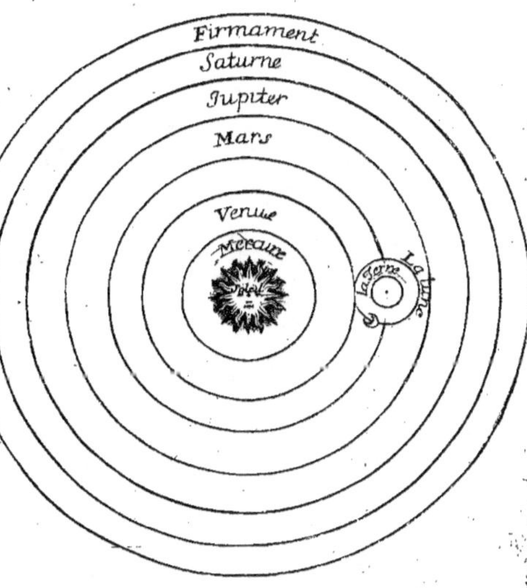

*Que les Eaux entrent dans la Mer pour en sortir
& parcourir la Terre, & qu'elles sont meuës
d'un mouvement perpetuel.*

JE ne doute point qu'aux endroits qui environnent la
Mer, & qui la retiennent en ses limites, il n'y ait
quantité de lieux entr'ouverts, par lesquels elle nous
laisse échaper les eaux que nous voyons de toutes parts
courir à découvert.

Pour me faire entendre sur ces lieux entr'ouverts que
je conçois, je dis que n'êtant point vray que la Mer soit
bornée par le contour d'un seul rocher, mais bien par
un tres-grand nombre de rochers, il en resulte cette verité : que pour peu qu'il y ait de distance entre l'une &
l'autre masse de ces divers rochers, il y a des lieux ent'ouverts, & que par ces mémes lieux, l'eau a la liberté de
sortir pour courir à découvert.

Voici, par exemple plusieurs rochers, supposé que la
Mer en soit environnée de toutes parts,

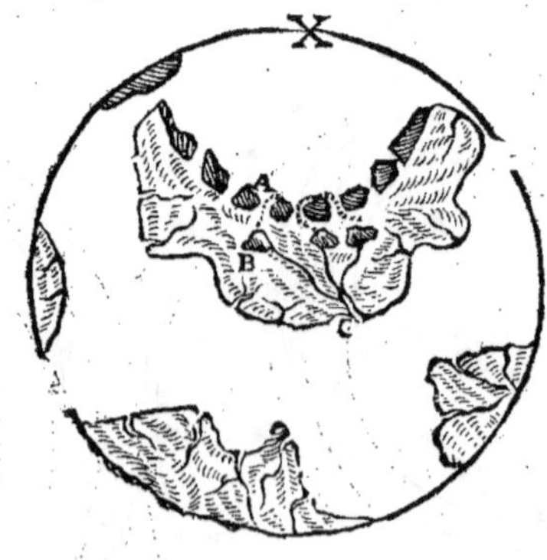

il eſt tres-conſtant qu'il y a des lieux entr'ouverts, par
leſquels l'eau, au moyen de la grande preſſion qui ſe fait
ſur la Mer, ſe diſtile & ſe ſuit d'humidité en humidité
(ſi j'oſe me ſervir de cette expreſſion) en ſorte que par-
venuë au bout de ces lieux entr'ouverts qui finiſſent à la
pointe du ſommet des montagnes, elle tombe à découvert, & ſuivant les penchans des montagnes & des va-
lons qu'elle trouve de côté & d'autre, elle ſe rend en la
Mer.

Par l'agitation perpetuelle des corps ſuperieurs, comme les Aſtres, la Lumiere, l'Air & les Vents, & par celle de la dilatation de la Mer & de la preſſion forte qui
reſiſte ſur elle, je m'aſsûre que l'on conçoit aſſez l'action
du mouvement des eaux ; & qu'il ne faut pas penſer,
comme quelques-uns ont fait, que les eaux arrivent &
entrent dans la Mer ſans en ſortir jamais, & ſans que
pour cela elle en ſoit moins enflée. Mais il faut plûtôt
„croire avec Salomon : Que toutes les rivieres entrent
„dans la Mer ſans qu'elle enfle aucunement pour tou-
„tes ſes recruës, à cauſe qu'il faut qu'elles s'en retournent
„ſecretement au lieu d'où elles ſont parties pour couler
„derechef à découvert.

Eccleſiaſt.
cap. 1. ver. 7.

On doit remarquer auſſi, qu'encore que le ſommet des
montagnes d'où ſortent les ſources, paroiſſe haut à l'é-
gard des habitans qui ſont proche les rivieres leſquelles
ſe rendent en la Mer ; il eſt aſſez vray-ſemblable de croire, que les eaux ſortent par des endroits de Mer & par
des lieux ſoûterrains, qui à cauſe de la forme circulaire
de la Terre, ſont plus hauts que ces endroits de montagnes que nous venons de dire. La figure cy-deſſus me
ſervira d'explication.

Imaginez - vous tenir une boule, & qu'à la partie la plus prochaine de vos yeux il y ait de la mer, & à la partie qui décend vers le bas de la boule il y ait des rochers, il s'enfuit que le paffage perpetuel de l'eau par les lieux foûterrains du profond de la Mer A , paffe fuivant les points ponctuez de A, à B, & de la forte la découverte de la fource au lieu B, eft baffe à l'égard du profond de la Mer A , & paroît haute aux habitans qui font proche des emboucheures. Ainfi relativement de Mer à Mer & de montagne à montagne, on doit concevoir que l'eau qui fort par le profond de l'une ou de l'autre Mer , eft toûjours plus haute en ce lieu-là , qu'au lieu où elle va percer pour courir enfuite à découvert.

Suivant cela , nous pourions dire que la mer Pacifique donne de fes fources à la terre ferme, & que les rivierres qui en naiffent vont dans les emboucheures de la mer du Nord. Que cette mer Pacifique en donne encore dans les terres de l'Amerique, lefquelles forment le gros Fleuve appellé Rio de la Plata. Que la mer du Nord en donne & en produit qui tombent dans les emboucheures de la grande & vafte mer Pacifique. Que la mer Atlantique en donne aux terres, lefquelles fe déchargent en la mer Mediterrannée. Que la mer Mediterrannée en donne pareillement aux terres lefquelles fe déchargent dans cét Ocean Atlantique, au Pont-Euxin, & mer Cafpienne. Et que ces deux derniers mers Pont-Euxin & mer Cafpienne, en donnent aux terres lefquelles font leur décharge dans la mer de Tartarie, en la mer Rouge & en la mer d'Arabie. Comme reciproquement ces dernieres mers Rouge & de Tartarie, en donnent aux terres dont les eaux fe déchargent en la mer Mediterranée,

Pont-Euxin

Pont-Euxin & mer Caſpienne. Mais c'eſt aſſez s'étre éten-
du, puis qu'il ne ſeroit pas raiſonnable d'aller chercher
de ſource en ſource, & dire poſitivement cette ſource
vient de cette mer, & celle-cy de celle-là. C'eſt pourquoy
paſſons à un autre ſujet.

La Mer ne perd pas ſa ſaleure, par ce qu'en ſortant
elle ſe diſtile & laiſſe ſon ſel. Et auſſi le meilleur moyen
pour ſeparer l'eau d'avec le ſel nous eſt connû par la
tranſcolation ou penetration au travers des pierres ten-
dres, & par les lieux entr'ouverts qui ſont entre les rochers : car par ce moyen l'eau ſe dépoüille entierement
du mêlange des ſubſtances ſalées. En effet nous remar-
quons diverſes ſeparations qui ſe font en la Nature par
le moyen de la tranſcolation, leſquelles peuvent aſſez
perſuader celle-cy ; comme celle qui ſe fait au travers du
drap ou du coton, & qui ſepare parfaitement les ſubſtances huileuſes d'avec celles qui tiennent la nature de
l'eau ; celle qui ſe fait au travers du bois de lierre & qui
ſepare l'eau d'avec le vin ; & enfin celle qui ſe fait par
le moyen d'un vaiſſeau de cire, vuide & bien bouché
dans le fond de la mer, lequel s'emplit peu à peu d'eau
douce, l'eau de la mer s'inſinuant au travers de ſes pores.
Mais quant à la ſeparation de l'eau d'avec le ſel, par la
tranſcolation & filtration de l'eau de la Mer au travers
de la Terre, ou des corps de pareille nature, elle ſe re-
marque en tant d'occaſions & avec tant de facilité, qu'il
eſt impoſſible d'en douter à moins que de negliger entierement l'experience. Si on creuſe une foſſe ſur le bord
de la mer, où toutesfois la marée ne puiſſe atteindre
quand elle eſt haute, & qu'on faſſe répondre à peu prés
ſa profondeur au niveau du bord de la mer dans le tems

C

qu'elle eft retirée & baffe : lors que le Flux reviendra, la
foffe qu'on aura creufée s'emplira peu à peu d'une eau
douce fort bonne à boire. De plus, fi l'on met de l'eau
falée dans un vaiffeau de tuffeau qui eft une pierre ten-
dre, quoy que l'eau y paffe facilement : neanmoins elle y
laiffe fa faleure. Les Grecs fe fervent ordinairement de
vaiffeaux faits d'une certaine terre poreufe, qui bien
qu'elle foit cuite, ne fçauroit contenir d'autre liqueur
que l'huile, l'eau paffant au travers comme fi elle étoit
fenduë de toutes parts.

De l'Etenduë de l'Ocean, & de celle des autres Mers.

SOus le nom de Mer Oceane font comprifes les
mers du Nord, de Tartarie, d'Ethiopie, de l'Inde,
du Sud, & generalement toutes les autres mers que l'on
appelle du nom du Païs & Royaume qu'elles baignent.
Mais afin qu'elles foient entenduës être l'Ocean même, il
faut qu'elles ayent leur entrée & leur fortie les unes avec
les autres ; comme nous le font voir les mers qui ont
leur entrée & leur fortie par les détroits de Davis entre
la Groeland & l'Eftotiland ; par celuy de Hudfon en la
mer du Nord, entre l'Eftotilant & la nouvelle Bretagne ;
par les détroits de Jeffo & de Sangaar en l'Ocean de la
Chine ; par les détroits de Magellan & du Maire en la
partie Meridionale proche la terre du Feu, & le continant de la terre Auftrale. Toutes ces mers-là ne faifans
qu'un continant & qu'une feule liaifon tout autour du
Globe, l'Ocean doit étre regardé comme antipode à foy-
même.

La Mer Mediteranée qui n'a qu'une feule communication avec l'Ocean par le détroit de Gibraltar est renfermée dans les terres, ce qui fait qu'on l'appelle Mediterranée; c'est à dire qui est au milieu des terres. Si on avoit fait un canal de 60. & tant de lieuës pour la joindre avec la mer Rouge, elles auroient toutes deux leur entrée & leur sortie avec l'Ocean. Il y a Flux au détroit de Gibraltar, parce qu'il se joint avec l'Ocean. La mer Mediterranée en sa plus grande longueur depuis le détroit de Gibraltar jusqu'au Tripoly a 46. degrez, qui à 20. lieuës pour degré font 920. lieuës.

La mer Rouge en sa plus grande largeur a environ 8. degrez ou 160. lieuës, & en sa longueur 23. degrez ou 460. lieuës. L'Ocean de l'Inde est jointe avec cette mer là, & s'y décharge extraordinairement; c'est pourquoy il y a Flux & Reflux en la mer Rouge.

La mer Caspienne est une petite mer renfermée dans les terres, laquelle a en sa longueur 15. degrez ou 300. lieuës, & en sa largeur 180. Cette mer n'a aucun flux & reflux, par ce qu'elle n'a aucune communication avec l'Ocean.

Ce que l'Esprit doit concevoir, si la convexité ou surface du Globe terrestre estoit toute couverte d'eau.

SI la surface du Globe terrestre estoit toute couverte d'eau, & que vous fussiez dans un vaisseau qui flotât sur telle convexité, vous jugez assez que l'enfleure demeureroit imperceptible à vos sens; parce que n'ayant point de support pour se décharger plus en un endroit qu'en l'autre, elle s'épandroit également sur soy-même.

Mais comme au contraire toute la surface de la Terre
n'est pas couverte d'eau, & que par la dilatation & la pression, l'enfleure qui est formée en la mer, ne peut monter sur les hauteurs de l'Air, sans se décharger sur les

lieux qui luy servent de centres; Il arrive que l'enfleure
se forme sur les bordages des rochers, & prend sa décharge sur les rivieres & sur les Fleuves.

De la Cause du Flux & du Reflux de la Mer.

AFIN que l'on ne s'étonne pas si le sujet du Flux
& du Reflux de la Mer est de la portée de l'hom-
me, je rapporte le chapitre premier, verset 14. de la Ge-
,, nese, où il nous est declaré, Que le Soleil & la Lune ont
,, esté donnez, afin qu'ils nous fussent en signes, en sai-
,, sons, en jours & en ans. Et aussi sur cette puissance
,, magnifique de la Lumiere, le chapitre 6. de l'Apoca-
,, lypse nous declare, Que quand viendra la consom-
,, mation des siecles, le Soleil venant à être obscurci com-
,, me un sac fait de poil, toutes choses prendront fin; que
,, la Lune cessera, & que les Etoilles tomberont.

Or la Lumiere remplissant & tenant place en l'étenduë, étant continuellement avec le Soleil, & le Soleil
avec la Lumiere, puis qu'il en est la source, sans y avoir
en cette émanation de Lumiere aucune vicissitude ny au-

cun changement ; ce fera aussi par la Lumiere & les rayons Solaires , que nous esperons faire connoître de quelle maniere se forme en la mer le Flux & le Reflux.

Pour pouvoir discerner ce que c'est que l'enfleure de la mer appellé Flux, & le des-enflement appellé Reflux, je trouve à propos de commencer à faire plusieurs observations , desquelles pour être de fait, je me determineray en suite à dire mon opinion, & démontreray de quelle maniere se font les reciprocations d'enfleures, que j'appelle flux à flux, & les des-enflemens que j'appelle reflux à reflux.

PREMIERE OBSERVATION.

Que la mer Oceane êtant antipode à soy-même, & jointe avec l'air, est sujete à un soulevement suivant la dilatation & la pression que luy cause le Soleil, par le moyen de quoy sont formées les enflures, lesquelles roulent & prennent leur décharge sur les lieux qui leur servent de centres.

OBSERVATION II.

Que les mers qui font renfermées dans les Terres, ne peuvent avoir de flux & de reflux ; veu qu'elles font prisonnieres en une petite espace du Globe, & que les terres qui les environnent de toutes parts font qu'elles font supportées en une petite assiete unie ; & ainsi n'êtant point jointes avec l'air, elles font dans l'impossible d'avoir des roulemens d'enflures, comme l'on les voit dans l'Ocean. La mer Mediterranée ayant une entrée avec l'Ocean, qui est le détroit de Gibraltar , le Flux & le Reflux se fait en ce détroit là de 6. heures en 6. heures.

Si la mer Mediterranée avoit fon entrée & fa fortie
avec l'Ocean, il y auroit flux & reflux comme en cette
grande Mer ; mais n'ayant avec l'Ocean qu'une entrée
qui eft le détroit de Gibraltar fans avoir de fortie, cette
mer eft comme les autres renfermée dans les Terres , &
n'eft point antipode à elle-même : c'eft à dire que le
continant de cette mer ne tourne pas à l'entour du Globe.

OBSERVATION III.

Que l'enfleure qui fe fait en la Mer, ne pouvant fe
former fur la haute fuperficie de l'eau & fe tenir élevée
fur foy-même, fe forme fur les bordages des rochers,
d'où enfuite en fe déchargeant, elle remonte le long des
rochers vers les larges étenduës de la mer, & dans ce
tems prend auffi fa décharge fur les rivieres & fur les
fleuves.

OBSERVATION IV.

La Lumiere êtant plus fubtile & plus puiffante que
l'air ; l'air l'êtant pareillement plus que l'eau : il en re-
refulte cette confequence, que tant plus le Soleil & la
Lune rarifieront & feront attraction des eaux de la mer
en les élevant, tant plus auffi il y aura augmentation de
flux & de reflux.

OBSERVATION V.

Comme les eaux & les liqueurs condenfées & refri-
gérées par la froideur, occupent moins d'étenduë que pareille quantité de ces mêmes liqueurs qui font rarefiées
& étenduës par la chaleur : de même je pretens par l'effet
des rayons Solaires, lefquels, rarefient, dilatent & font

attraction : que tant plus le Soleil aura la liberté de faire les effets que nous venons de dire, *de rarefier, de dilater & de faire attraction*, tant plus la mer en soit enfleé, & qu'il y ait augmentation de Flux & de Reflux.

OBSERVATION VI.

Le Soleil êtant dans les Equinoxes des deux Signes Ariés & Libra, & se trouvant alors plus qu'en autre tems sur le milieu de la mer Oceane, plus qu'en aucun autre tems aussi il y a augmentation d'enfleure.

OBSERVATION VII.

De la cinquiéme & sixiéme Observation, je passe à une septiéme qui prouve la puissance augmentée des rayons du Soleil agissant en ligne directe sur le Globe. Cette septiéme Observation est universelle, visible & incontestable : sçavoir que la Lune êtant nouvelle ou pleine & la Lumiere qu'elle reçoit du Soleil portée fortement en ligne directe sur le Globle terrestre, ou sur la mer ; la mer se trouve plus enflée que dans le tems de la quadrature de la Lune : tems auquel la Lumiere qu'elle réçoit du Soleil ne vient pas sur la Terre, mais est portée comme vous la voyez par cette figure de B, à Q.

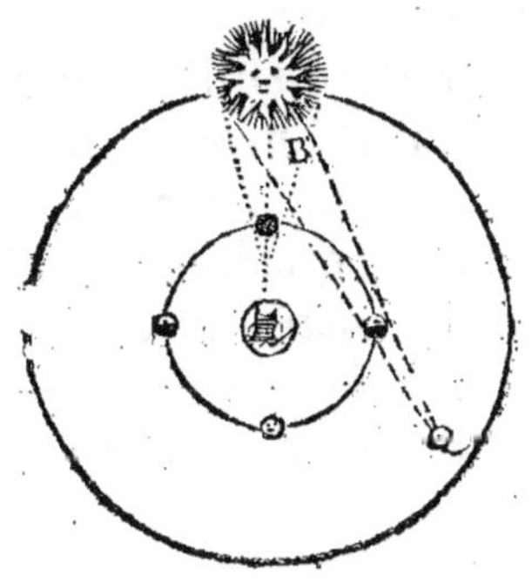

OBSERVATION VIII.

Immediatement aprés la Nouvelle & Pleine Lune qui eft le premier & le deuxiéme jour, la mer fe trouve toûjours plus enflée. Tâchons par l'effet naturel de vous en faire conçevoir la caufe. Le 28ᵐᵉ jour que la Lune approche de fa conjonction avec le Soleil , la puiffance de leur rarefaction & de leur dilatation eft augmentée, agiffant l'un & l'autre plus directement fur le Globe terreftre, elle s'augmente encore le 29. & le 30. Mais prenez qu'à ce 30ᵐᵉ jour le Soleil & la Lune foient en conjonction, & qu'ils donnent directement fur vôtre corps, lequel reprefentera la mer en laquelle fe fait l'augmentation d'enfleure. Vous fentez beaucoup de chaleur le 30ᵐᵉ jour , & quoy qu'au 1ʳ & 2ᵐᵉ fuivans, le Soleil n'ait pas eu la liberté de donner tout-à-fait une fi grande chaleur que le jour precedent qui eft le 30. vous fentez neanmoins à caufe de la chaleur du jour precedent, jointe & fortifiée par celle du premier & du 2ᵐᵉ qui fuivent le 30. qu'il fait plus de chaleur, & qu'elle vous eft plus afpre que celle que vous refentiez le 30ᵐᵉ De même la dilatation qui a été faite le 30ᵐᵉ jour, fortifiant celle qui fe fait le 1ʳ & le 2ᵐᵉ jour qui fuivent le 30ᵐᵉ cette dilatation caufe de l'enflure fe trouvant augmentée, augmente auffi l'enflure au 1ʳ & 2.ᵐᵉ jour qui fuivent la Nouvelle & Pleine Lune. Mais à la fin la Lune s'écartant beaucoup des afpects de conjonction & d'oppofition en prenant le decours & entrant dans la quadrature, la Lumiere que luy communique le Soleil, bien loin d'être portée en ligne directe fur le Globe, étant au contraire portée de B à Q, la mer ne manque pas d'être dans l'enflure que luy caufe

la puiffance

la puissance seule & ordinaire du Soleil : d'où resulte que quand il n'y auroit point de Lune dans le Ciel, les flux & les reflux ne laisseroient pas de se faire, la difference qu'il y auroit seulement, seroit qu'il n'y auroit point d'augmentation d'enfleure suivant que la Lune entre en l'aspect de conjonction & d'opposition avec le Soleil : tems auquel il y a augmentation d'enfleure, par ce que les rayons Solaires & Lunaires agissent conjointement en ligne directe sur la Mer.

OBSERVATION IX.

Les enfleures de la Mer qui en se déchargeans sur les Fleuves font rebrousser leurs eaux vers la source, ne peut nous faire concevoir autre chose qu'un combat tres-fort & tres-violent, lequel combat je trouve devoir être appellé agreable, puis que par luy les eaux douces ont l'action du mouvement : c'est à dire d'entrer dans la Mer, & d'en ressortir par les lieux souterrains pour derechef couler à découvert.

OBSERVATION X.

Si la Pierre d'Aymant, quoy qu'en une distance con-siderable, attire à soy le fer, & que méme étant tenuë & conduite sous une table, fait élever sur leurs pointes les Aiguilles mises sur la table, en les y faisans courrir d'un bout à l'autre comme si elles avoient des jambes. Et si encore nous voyons qu'un peu de levain fait lever beaucoup de paste, ce ne doit pas étre une chose étonnante, que la Lumiere & les rayons du Soleil dilatent l'eau de la Mer, & qu'en la soûlevant il imprime aux Eaux l'action du mouvement. Et enfin la raison aussi

pour laquelle on n'oit pas fi clair le jour que la nuit,
eft parce que le Soleil & fes rayons mouvent & agitent
l'air.

OBSERVATION XI.

Si le Globe terreftre étoit tout couvert d'eau, les per-
fonnes qui feroient dans le vaiffeau, ne pouroient con-

noître le Surcroit de l'enfleure, parce que l'eau s'épen-
droit également fur foy-méme.

Que fi encore la Terre étoit toute couverte d'eau,
il n'arriveroit jamais que le furcroit de l'enfleure qui fe
fait, s'élevait en Pyramide fur ce méme corps fluide.

Mais bien que cette enfleure s'épandroit également
fur foy, & gagneroit tout au tour du Globe les points
ponctuez.

Et ainfi je pofe par Obfervation ce principe icy. Quĕ
par la dilatation & le foûlevement que fait le Soleil des
eaux de la mer, l'enfleure n'a jamais la liberté d'occuper
les endroits de mer qui font Antipodes & unies avec

l'air où la plus haute superficie de la mer, que premier
l'enfleure ne se forme aux emboucheures des Fleuves, &
aux lieux les plus bas de la Terre qui luy font face pour
la supporter; & alors est l'enfleure qui se forme toûjours
remontante de O, vers A.

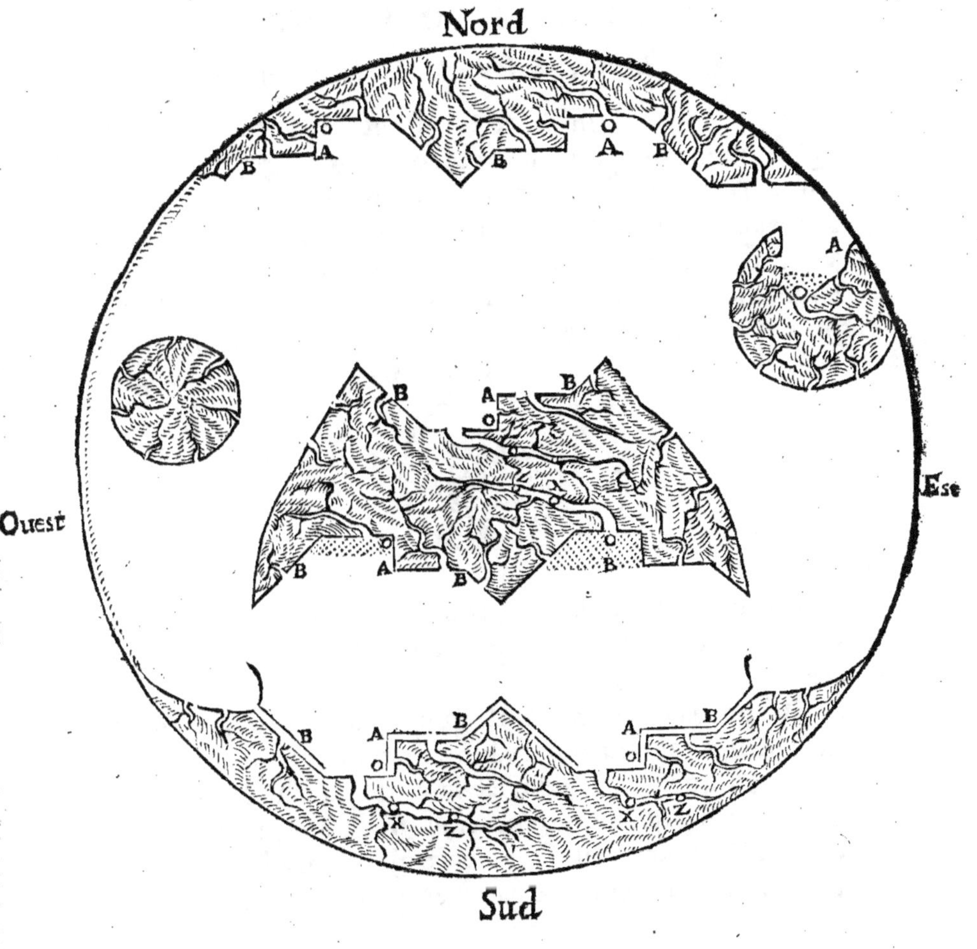

Mais quand à la portion de Terre marquée D, qui eft
ronde, l'enfleure ny trouvant point de fupport, fe décharge imperceptiblement, & prend le commencement
de fa cruë & de fon élevation dans le lieu profond O.

OBSERVATION XII.

Par laquelle le Flux & le Reflux de la mer eft démontré.

A Caufe de l'union & continuité de l'eau, un corps
fluide ne pouvant recevoir furcharge d'enfleure
par le haut, que le bas qui luy eft oppofé ne la reçoive
femblablement & en méme tems. C'eft pourquoy pour
vous faire comprendre les reciproquations d'enfleures
en méme tems aux deux parties oppofées, je vous donne cette figure qui vous reprefente que l'enfleure qui

Nord.

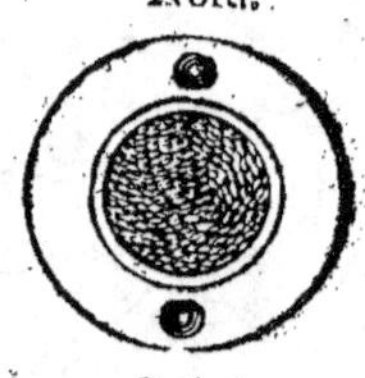

Sud.

s'éleve par l'Aftre qui la produit en une des parties du
Globe, s'éleve auffi en la partie de l'Hemifphere oppo-
fée.

Or que cét effet foit ainfi que je vous le dis, le cours
du Soleil & autant que fa lumiere nous éclaire, & nous
font voir que c'eft luy qui eft la caufe du Flux & du Reflux. Remarquez que fi nous avons eu en quelques-uns
de nos Ports de France, la haute mer de fix heures à 12.
heures de jour (comme par exemple) à Dunkerque ou

Nieuport , & que vous me demandiez pourquoy dans les 15. jours 12. heures qui fuivent , nous avons cette haute mer de fix heures en ces lieux-là à 12. heures de nuit ? Je vous réponds & vous fais voir que le Soleil fe trouve dans l'Hemifphere du Meridien oppofé , & que toûjours (comme je vous le viens de dire) dans les deux parties oppofées , l'enfleure s'y fait & s'y groffit en mé-me tems, par cette loy naturelle , qu'un corps fluïde ne peut s'enfler par le haut , que le bas qui par union & con-tinuité fe joint , ne s'enfle femblablement.

Cét effet eft tellement naturel , que je croirois ennuier le lecteur fi je m'amufois à en parler davantage , & mé-me je me propofe auffi d'être fuccint fur ce qui eft des entrelacemens des hautes & des baffes mers en quantité d'endroits tout au tour du Globe ; puifque cét effet de nature fe voit & fe prouve en la diverfe forme de la ter-re ; par les lieux qui êtant plus enfoncez dans les terres que les autres , reçoivent pendant les premieres fix heu-res , l'enfleure qui eft faite & foûlevée par le Soleil.

Les entrelacemens des hautes & baffes mers tout au-tour du Globe font fi naturels , qu'il n'eft pas poffible qu'il en foit autrement.

L'enfleure qui ne cherche rien qu'à prendre une fuper-ficie unie & ronde , trouvant pendant les premiers fix heures du cours du Soleil , des lieux une fois plus deva-lans dans les terres , & qui luy font face pour la fupporter ; naturellement l'enfleure s'y groffit pendant 6. heures : Ainfi la ligne profonde O , a fon flux 6. heures de-vant la ligne A , B , & les Fleuves qui font aux embou-cheures de cette ligne A , B , ont la liberté de l'écoule-ment de leur eau en la mer. Or remarquez que l'en-

Flux des premieres 6. heures.

fleure qui croît toûjours pendant 6. heures fur la ligne
O , fe décharge en remontant de O, vers A , & dans ce
méme tems fe décharge auffi dans le Fleuve , & cela encore tres-naturellement, puifque l'enfleure ne peut monter d'un côté qu'elle ne monte de l'autre. Mais enfin

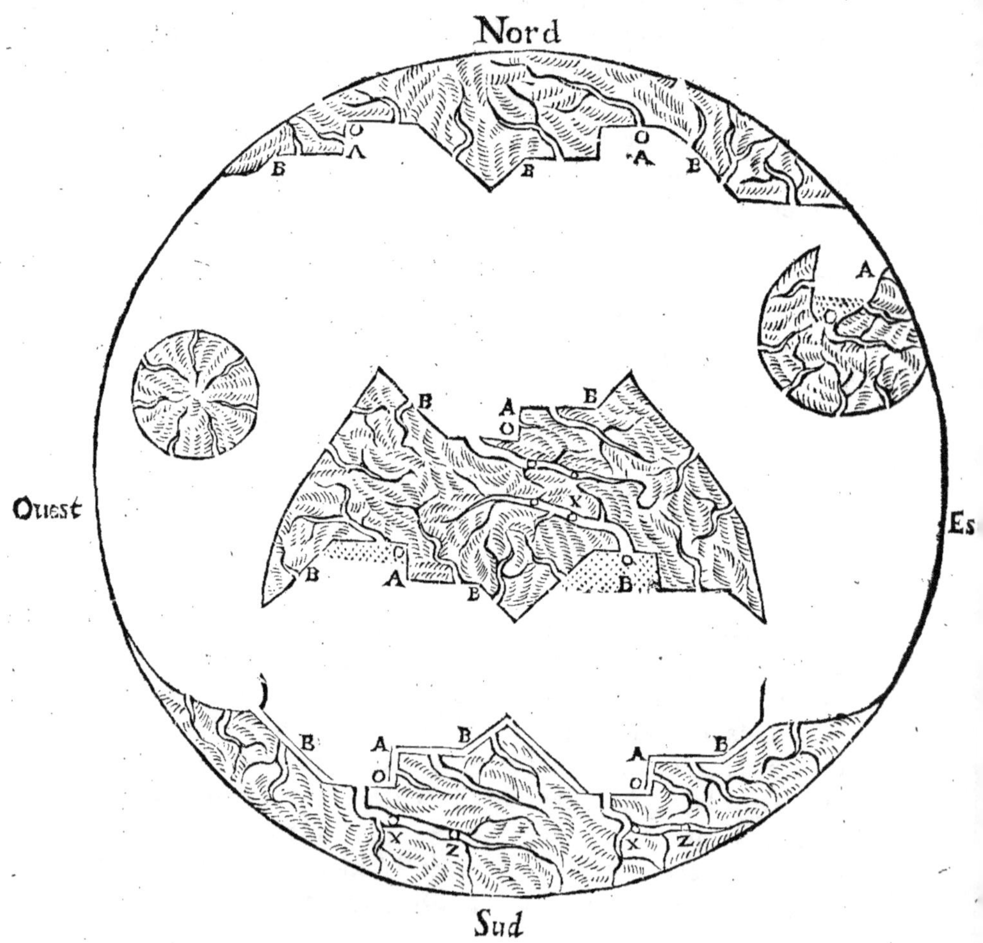

cette enfleure qui s'est ainsi déchargée pendant les premieres six heures du cours du Soleil étant arrivée en X,
& A, rend la mer unie avec la ligne B, & alors pendant
12. minutes d'heure l'eau demeure de toutes parts immobile. Mais comme un second soulevement d'eau se
forme par la dilatation & la pression (& par tout ce qu'il
vous plaira de concevoir) la ligne A, B, dans les secondes 6. heures est pour lors une ligne unie qui fait face &
sert de support à la décharge de l'enfleure; c'est pour- *Démon-*
quoy dans le tems de la seconde pression & élevation *stration du*
d'enfleure qui se forme, il s'en fait une au lieu du fleuve *Double*
en X, qui produit cét effet, qu'en faisant rebrousser les *Flux dans*
eaux de X, vers Z, qui est un second flux, partie de *les Fleuves*
l'enfleure X, prend son écoulement en la mer, & cét é-
coulement de X vers la mer est ce qu'on appelle reflux: *Démon-*
Et de la sorte faut donc definir que le Reflux, n'est qu'une *stration du*
partie lâchante & échapée de la grosse enfleure; par le *Reflux.*
moyen que les Fleuves qui sont le long de la ligne B,
reçoivent dans les secondes 6. heures partie de l'enfleure,
& ainsi l'écoulement qui de X va en la mer & y entre,
ne fait que remplacer ce qui entre dans les Fleuves qui
sont le long de la ligne B. Et encore lors que l'enfleure
a monté jusques à C, elle a monté & c'est déchargée dans
le Fleuve jusques à D.

Je ne détermine pas les longueurs & les hauteurs que le
Flux peut parcourir en 6. heures; parce que ces sortes de distances, sont aussi diverses, qu'est diverse la forme de la terre. Les plus hautes hauteurs dont le Flux monte en ligne
perpendiculaire, sont en plusieurs endroits de 80. & tant
de pieds; comme il en est au Mont S. Michel, aux côtes
de Mexique, ou de nouvelle Espagne; aux côtes de la

mer de Pitzorkuë, & aux côtes de la mer d'Arabie.

Mais remarquez qu'en un méme meridien, il y a des hautes mers de fix heures, & des baffes mers de fix heures: Les figures Y, R, Q, & K, qui font long des meridiens Sud & Nord & Eft & Oueft, vous le font voir, & que cela arrive par la forme de la terre, puis qu'en tous les endroits qui font une fois plus enfoncez dans les terres que les autres, l'enfleure qui fe fait pendant les premieres 6. heures du cours du Soleil, y prend fa décharge & fe fait toûjours pendant fix heures, avant qu'elle ait fon fupport aux endroits des autres bordages, & qu'elle prenne place fur les licts des rivieres des côtes qui font les plus élevées: Les côtes & ports de mer que je rapporte dans mes Tables juftifient ce que je viens de dire.

Dans les mers marquées par les lettres M, N, & P, lefquelles font renfermées dans les Terres, & dont l'eau eft comme fur une affiete unie, en de femblables mers, il n'y a aucun Flux & Reflux.

Dans les grandes étenduës de mers deftituées d'Ifles, de rochers & de Bancs de fables, comme font celles où en cette figure paroiffent les vaiffeaux, le flux & reflux y eft imperceptible; parce que l'enfleure fe forme & s'eleve fur le bordage des rochers.

Le cercle A, en la demonftration generale des Flux à Flux, & des Reflux à Reflux, vous marque les degrez de longitudes.

Le cercle B, comprend les 30. jours rapportez à l'Epacte, qui de fix heures en fix heures, vont jufques à 30. jours, pour fervir d'indice & de characteres, afin de trouver l'heure de la marée fur le cours du Soleil. Mes Tables qui font generales ont efté faites fur cette figure,

ayez

ayez y recours pour une plus grande inſtruction, elles commencent à la page 70 de ce livre.

Le cercle C, marque les jours, heures & minutes du cours du Soleil, depuis qu'il eſt ſorty d'un meridien fixe terreſtre; comme par exemple du 90me degré de Longitude qui répond à l'Iſle de Maſcarenhas, enſorte que de ce meridien-là, ayant fait 31 fois le tour du Globe, il a accomply le mois de la marée.

Meridien paſſant par l'Iſle de Maſcarenhas.

Les enfleures qui pendant les premieres 6 heures du cours du Soleil, ſe ſont formées dans tous les lieux les plus profonds, qui font face & qui ſont les premiers centres pour les ſupporter, vous font connoître que parce qu'il y a quantité d'endroits de cette ſorte tout autour du Globe, il y a auſſi quantité d'endroits qui ont leur Flux & leur reflux en même tems; & enfin cette démonſtration ſe trouve ſi naturelle, que les heures & les minutes des croiſſemens des Flux à Flux, & des decroiſſemens des Reflux à Reflux, ſont non conformes au cours du Soleil, pour un ou deux jours; un ou deux mois, ou quelques années: Mais dépendent tellement de luy, que je vous en ay dreſſé une table perpetuelle.

Quand aux autres particularitez du Flux & du Reflux, elles ſeront démonſtrées dans les Chapitres ſuivans, trouvant à propos de parler premier de l'immobilité des eaux, & de repreſenter la compoſition de la Table perpetuelle des Marées ſur le cours du Soleil.

E

De l'Immobilité des Marées pendant 12. *minutes d'heures aprés*
6. *heures de Flux* , *& de* 12. *minutes d'heures*
aprés six heures de Reflux.

QUant à ce que l'on a crû jufques icy que les hautes & baffes mers , qui proviennent des Flux de
fix heures , & des Reflux de fix autres heures , ne demeu-
roient aprés ce tems de 6 heures, que 12 minutes d'heure en l'état d'immobilité, ou bien qui ayant en chaque
lieu deux Flux & deux Reflux en 24 heures; les Marées
ne retardoient par chaque jour, que de 48 minutes : On
s'eft trompé, y ayant un peu plus de retard.

Pour juftifier qu'aprés 6 heures de Flux , il y a 13 minutes d'immobilité, & 13 minutes d'immobilité aprés 6
heures de Reflux : Il faut vous reprefenter que le Soleil
qui eft emporté par le premier mobile pendant 6 heures
d'Orient en Occident, pendant ces mémes 6 heures, il a
avancé par fon cours naturel prefque d'une minute, ou
environ cinq lieuës au regard du Globe terreftre : enforte
que confiderant le Soleil où il eft , répondant au Meridien
Sud 90me degré de l'Hemifephere fuperieur, où il y a 1.
marqué, prenez qu'il foit pleine mer à 12 heures au lieu
où il répond. On demande afin que fix heures & 12
minutes du foir foient contées à la baffe mer de ce Meridien, où fera le Soleil & quel fera le tems qu'il aura employé ? Or fi fur cela nous nous portons à vouloir trouver des mefures où il y en doit avoir , fans doute que nous
réüffiront : car fi ayant divifé l'efpace d'une heure en cinq
parties égales , & pris la mefure d'une de ces cinq parties,
laquelle vaut 12 minutes d'heure, nous faffions paffer en

cette proportion le meridien Occident au Soleil : Il sera
vray qu'il sera 6 heures 12 minutes du soir à la basse
mer du meridien Sud 90me degré de l'Hemisphere superieur , & 6 heures 12 minutes du matin à la basse mer du
meridien Nord 270me degré de l'Hemisphere inferieur.
Aprés quoy passant de cette verité connuë, à l'immobilité des eaux pour sçavoir ce qu'elles demeurent immobiles , nous trouverons que les marées ayant 6 heures à
fluer, & 6 heures à refluer, elles ont par consequent presque 13 minutes d'immobilité en la demeure de leur centre, avant que le Flux de 6 heures aille en reflux, puis
que le Soleil ne peut étre arrivé où il est, & de ce point
faire 6 heures 12 minutes du soir au meridien qui répond
au Sud 90me degré de l'Hemisphere superieur qu'il n'ait
eu tout ce tems-là de 6 heures & presque 13 minutes :
Car si sur six heures qu'il est emporté par le 1er mobile
d'Orient en Occident,il a tout au rebours avancé presque
d'une minute par son cours naturel d'Occident en Orient:
Il faut de toute necessité que les lieux qui ont reçeu six
heures de haute mer, & ensuite 6 heures de basse mer, les
Eaux y ayent autant d'immobilité que je le viens de dire.
Autrement cecy seroit, qu'au lieu que l'heure du retard
de la marée est sensible par 48 minutes d'un jour à l'autre,
elle ne se trouveroit sensible par chaque jour que de 44 minutes d'heures, qui seroit pour chaque Flux de six heures, onze minutes, & onze minutes pour chaque Reflux
de six heures. C'est pourquoy quand nous parlerons de
12. minutes d'immobilité aprés chaque Flux de 6 heures, & de 12 minutes d'immobilité aprés chaque Reflux
de 6 heures, on doit entendre que le surplus de 12 minutes d'immobilité qui est presque une minute d'heure,

eft compenfé avec ce que le Soleil fait en 6 heures par
fon cours naturel d'Occident en Orient.

---

*Compofition de la Table perpetuelle des Marées fur le cours du
Soleil, où le mois fluxifte Solaire de 31 jour eft expliqué, &
femblablement celuy de 30 jours appellé de la Marée.*

LE long de la ligne Equinoctiale on voit cinq rangées de chiffre, les deux premieres rangées qui font
les jours & les heures, marquent le mois de la Marée de
30 jours. Les trois autres rangées qui font des jours, des
heures & des minutes, marquent ce que le Soleil a de
fon cours depuis qu'il a commencé à fortir d'un certain
meridien pour faire 31 tour ; enforte qu'accompliffant ce
trente-uniéme tour, chacun compofé de 24 heures, il a
accomply le mois de la marée de 30 jours.

Or pour fçavoir que les marées dépendent entierement
du Soleil, il faut entendre qu'en 31 jour du cours du
Soleil, il fe trouve un jour entier dont les eaux ont efté
immobiles; parce qu'aprés chaque 6 heures de Flux l'eau
demeure 12 minutes immobiles, & encore elle demeure
12 minutes immobile aprés chaque 6 heures de Reflux :
C'eft pourquoy y ayant 2 Flux & 2 Reflux chaque jour
en un certain lieu, & 48 minutes dont les eaux ont efté
immobiles; ces deux Flux & ces deux Reflux avec 48
minutes, font vingt-quatre heures 48 minutes, ou un
jour 48 minutes. De cette verité connuë, on conte donc
qu'à l'égard (par exemple) du meridien Sud 90me degré
de l'Hemifphere fuperieur, la marée y fera en haute mer
de 6 heures à 12 heures de jour, & au meridien Nord
270me degré de l'Hemifphere inferieur la haute mer de

6 heures y sera à 12 heures de nuit ; ainsi pour l'une &
pour l'autre marée on conte un jour. Cependant les 2
croissemens du Flux, & les 2 décroissemens du Reflux avec
leur immobilité, ont eu le tems d'un jour & 48 minutes.

Si bien que dans la premiere rangée des jours & heures (le Soleil ayant fait 31 tour) vous voyez au Globe du
meridien Sud 90me degré de l'Hemisphere superieur le
nombre de 30 écrit, qui est le mois de la marée & au
dessous 31 jour qui est le tems que le Soleil a employé,
afin qu'en 31 jour il y ait en chaque centre à centre des
Flux à Flux, & en chaque centre des Reflux à Reflux,
60 Flux & 60 Reflux ; Car 60 Flux de six heures, &
60 Reflux de 6 heures, composent 30 jours appellez
mois de la marée, & joignans à ces 30 jours, les 12 minutes d'heure dont l'eau est demeurée immobile aprés
chaque Flux de 6 heures, & encore 12 minutes aprés
chaque Reflux de 6 heures, ce font 1440 minutes ou
un jour ; lequel jour êtant joint avec 30 jours appellé de la
marée, font 31 jour que j'appelle mois Fluxiste solaire :
ainsi les 30 jours appellez mois de la marée, & les 31
jour du mois fluxiste Solaire, ne doivent & ne peuvent
être considerez que pour un même mois.

Le Soleil qui a fait 31 jour au meridien Sud 90me
degré de l'Hesmiphere superieur, êtant emporté par le
premier mobile, & qu'il arrive au lieu marqué 6 heures
en l'Hemisphere inferieur proche l'Occident ; le meridien
Sud 90me degré, & le meridien Nord deux cens soixante
& dixiéme degré ; qui pendant ce tems ont eu leur Reflux de 6 heures & 12 minutes dont l'eau est demeurée
immobile, font dits avoir 6 heures de basse mer : Or au
dessous de ces mémes 6 heures, il y a 6 heures 12 mi-

nutes écrites, qui eft-ce que le Soleil à de fon cours depuis qu'il a commencé le mois.

Le Soleil fortant du chiffre 2 pour aller au chiffre 3. commence à redonner l'enfleure au meridien Sud 90me degré, & au meridien Nord 270me degré, comme auffi à tous les centres à centres qui leur font correfpondans, enforte qu'arrivant au chiffre 3. il eft haute mer de fix heures au meridien Sud 90me degré, à 12 heures 24 minutes aprés minuit : & au meridien Nord 270me degré la haute mer s'y trouve à 12 heures 24 minutes aprés midy.

Le Soleil allant du chiffre 3 au chiffre 4 & y êtant arrivé, on le trouve au meridien auquel eft marqué 18. heures 36. minutes, qui eft le tems qu'il a employé depuis qu'il a commencé le mois, & de la marée fuivant le conte vulgaire 18 heures : C'eft pourquoy il eft pour la feconde fois baffe mer aux centres à centres, qui 12 heures 24 minutes auparavant êtoient en haute mer.

Par l'intelligence de cette Table vous voyez, que quand vous énoncez le jour de la marée (prenons pour exemple le quinziéme jour de la marée) vous dites la haute mer de 6 heures fera en un certain lieu appellé Nord ou Sud le quinziéme jour à 12 heures. Or remarquez que le Soleil depuis qu'il a commencé le mois, a de fon cours 15 jours 12 heures, & fe trouve au meridien oppofé de celuy où il êtoit 15 jours 12 heures auparavant, & qu'en l'un & l'autre endroit du quatre-vingt-dixiéme degré, & du deux cens foixante & dixiéme degré la haute mer y eft en même tems.

De plus, comme il y a des Sud & Nord tres-proches les uns des autres, je vous avertis qu'au regard de ces lieux prochains, la haute mer y eft en une méme heure de 12 heures de jour, ou 12 heures de nuit, le 15 & le tentiéme jour de la marée.

Enfin lors qu'en chacun lieu de la mer l'on conte le trentiéme jour de la marée, & que l'on dit, il sera haute mer de 6 heures au lieu appellé Sud ou Nord, qui sont des endroits où la haute mer de 6 heures est toûjours à 12 heures le trentiéme jour de la marée : Le Soleil a de son cours depuis qu'il a commeneé le mois à l'égard de ce méme lieu appellé Sud ou Nord, 30 jour 24 heures; c'est à dire que le Soleil y a accomply 31 jour, & y est la haute mer de 6 heures, à 12 heures : Et de la sorte vous voyez que l'on ne peut considerer les jours dits de la marée, eu égard à quelque lieu que ce soit, sans les considerer & les faire valoir tout autant que le Soleil a de jours, d'heures & de minutes, depuis le premier du mois jusques au trente-uniéme qui est le mois Fluxiste solaire. Et en effet les Pleines & les Nouvelles Lunes, n'ont nulle part aux termes de 15 & de 30 jours, car ils sont toûjours accomplis en tous les endroits de la mer avant que la Lune ait 15. & 30. jours : & enfin ces 30. jours-là dont on se sert pour l'usage artificiel des termes, afin que de ces mémes termes on puisse venir à la dénomination des heures & des minutes des hautes mers de 6 heures, & des basses mers de 6 heures en quelque endroit que ce soit de la mer, sont les propres jours du Soleil, & font partie des 31 jours dont le mois Fluxiste solaire est composé : C'est pourquoy on peut pour l'indice du renouvellement des mois de la marée se servir de l'usage de l'Epacte, & s'imaginer si on veut que la Lune soit ou ne soit point dans l'étenduë du Ciel, la chose n'en sera pas moins bien reglée; veu que vis à vis de chaque 6 heures, allant de 6 heures en 6 heures jufques au trentiéme, l'heure & les minutes de la haute mer & de la baffe mer, y étans marquées par le lieu où fe trouve le Soleil, on a fuivant mes Tables perpetuelles fur le méme cours du Soleil, l'heure certaine & veritable de toutes les marées.

Inftruction fur ce qu'une multitude d'Ifles, côtes de mer, & de rivieres font mifes en un méme rhumb de vents, quoy qu'elles different entr'elles de Longitude & de Latitude.

PArce que les hautes & baffes mers font en quantité d'endroits fort proches les unes des autres, la diftinction fenfible de quelques minutes d'heure qu'il y a entr'elles pour leur Longitude, & pour leur Latitude, n'êtant d'aucune confideration pour fçavoir la haute mer de 6 heures, & la baffe mer de 6 heures, fait qu'on neglige d'avoir égard fi un lieu plus Oriental de 8o lieuës aura plûtôt fon midy de 16 minutes, que celuy qui eft Occidental. Et il fe trouve des hautes & des baffes mers, qui pour être en méme meridien n'ont aucune difference pour avoir leur midy, toutesfois un des lieux qui aura fa haute mer à 12 heures, le 15 & le 30me jour de la marée, fera dénommé rhumb de vent *Nord* ou *Sud* : & l'autre qui n'a fa haute mer qu'à 6 heures du foir, fera dénommé de *Eft* ou *Oueft*. Remarquez donc que voilà des lieux de haute & baffe mer, qui ont leur midy en méme tems. Or à entendre parler de ces deux marées, l'une *Nord*, en haute mer de 6 heures, lors que l'autre lieu *Eft*, a fa baffe mer de 6 heures, qui ne croiroit que ces deux endroits ne fuffent éloignez l'un de l'autre de 90 degrez? Cependant ils ne le font pas. Voyez la figure

gure generale des Flux à Flux , & des Reflux à Reflux.

De ce que nous venons de vous dire , il refulte que l'on n'a point d'égard à la difference des Longitudes,pour les lieux qui font proches les uns des autres,cette obfervation n'êtant de nulle confequence: C'eft pourquoy l'on paffe tout d'un coup à la chofe fenfible & effentielle,qui eft que l'enfleure du Flux employant 6 heures à monter en chaque lieu,& le des-enflement demeurant 6 heures à refluer : Si plufieurs endroits ont la haute mer en même tems , bien qu'éloignez les uns des autres de 80 ou de 100 lieuës de Longitude, on les range tous fous la dénomination d'un des 32 rhumbs de Vents, le plus approchant de la fenfibilité des heures pofées en chaque meridien ou rhumb de vent ; & alors ces heures-là font les premiers indices (depuis le premier jour de la marée jufques au trentiéme) de l'heure & des minutes que l'on contera chaque jour à la haute mer de 6 heures , & à la baffe mer de 6 heures, fur le retard de 12 minutes d'heure aprés fix heures de Flux , & 12 minutes d'heure aprés 6 heures de Reflux : Tellement que tous les lieux que l'on trouve être en haute mer à 12 heures le 15 & le 30me jour de la marée, quoy qu'entre-eux ils different de quelque petite Longitude, font dénommez de Sud & Nord; Et ainfi vous devez entendre la méme chofe à l'égard des autres heures que portent les meridiens nommez rhumbs de vents,où on renge les autres marées.

Pour finir ce Chapitre , j'ay à vous avertir de ne pas trouver étrange , que je n'aye pas remply l'heure que la marée arrive en chaque Ifle,côtes,ports de mer & és rivieres. J'ay remply les heures pour tous les endroits, dont j'ay eu une certaine connoiffance ; car encore que

F

les cartes fuſſent incomparablement plus grandes qu'elles
ne ſont, ſi n'y auroit-il pas lieu de travailler ſur leur deſcription, pour dire l'heure que la marée arrive en chaque
endroit le 15 & le 30me jour. Et il ſuffit à ceux qui ont la
choſe au naturel ; je veux dire aux Habitans des Iſles &
Ports de mer, de remarquer une fois à laquelle des heures
des-nommées en l'une des 16 Tables, la marée ſera arrivée
chez eux, & alors une des 16 Tables leur ſervira d'un
jour à l'autre & leur ſera perpetuelle.

D'où vient qu'il n'y a point de Flux dans la Mer Caſpienne, &
dans de ſemblables mers.

LA mer Caſpienne en ſa plus grande longueur peut
avoir 300 lieuës, & en ſa largeur 140 lieuës : Cette
mer & celles qui luy reſſemblent êtans renfermées dans
les terres, & qu'elles ne ſont point jointes avec l'Ocean,
lequel environne tout le Goble, fait qu'il n'y paroît aucun Flux & Reflux ; parce que l'enfleure qui s'y peut faire
eſt ſupportée en l'aſſiette unie de telles mers. Tout ce qui
eſt joint à l'Ocean ayant entrée & ſortie avec luy, doit
être conſideré Antipode à ſoy-méme, & ſujet aux roulemens & décharges des eaux, que cauſent le Soleil ſur les
bordages des rochers & ſur les Fleuves.

La mer Mediterrannée étant renfermée dans les terres,
& n'ayant qu'une entrée avec l'Ocean qui eſt le détroit
de Gibraltar, ſans avoir de ſortie avec luy ; les Flux & les
Reflux paroiſſent ſeulement en ce détroit, & non en autre endroit.

Quelques-uns veulent qu'au Golphe de Veniſe & au
détroit de Negrepont, le Flux & le Reflux ſoient un peu
ſenſibles.

SI la convexité ou furface du Globle êtoit toute couverte d'eau, & que vous fuffiez dans un vaiffeau qui
flotât fur cette convexité, vous jugez affez que l'enfleure
demeureroit imperceptible à vos fens, parce que n'ayant
point de fupport pour fe décharger plus en un endroit
qu'en l'autre, elle s'épandroit également fur foy-méme.

Il en eft de méme à l'égard des grandes étenduës de
mers deftituées d'Ifles : car bien que l'enfleure croiffe &
prenne place fur les hauteurs de l'air, ce croiffement vous
doit être imperceptible ; parce qu'il n'y a point de rochers ny d'Ifles qui vous en puiffent faire remarquer la
cruë ny la hauteur.

LA Lune a un mouvement fi irregulier, que pour fe
rendre nouvelle & pleine avec le Soleil, il luy faut
quelque fois 14 jours 9 ou 10 heures, quelque fois il
ne luy faut que 13 jours quinze ou vingt heures. Or de

13 jours & quelques heures , à 15 jours 12 heures qui
eft le demy mois fluxifte Solaire, afin qu'une certaine efpace de mer ait fa haute mer à une certaine heure (comme par exemple au Sud & Nord à 12 heures , le quinziéme jour 12 heures du demy mois fluxifte Solaire) il
fe trouve difference de tems prés de deux jours pour
l'arrivée de la marée, eu égard au cours de la Lune. Cependant on doit toûjours trouver le Flux & le Reflux
en chacun lieu à des heures & des minutes certaines:
Or c'eft ce qui fe trouve veritable fur le cours du
Soleil; fçavoir depuis le premier du mois, jufques au
15me jour 12 heures ; & encore és 15 autres feconds jours
& 12 heures, qui font 31 jour appellé mois fluxifte Solaire, & de la marée 30 jours.

Ce que nous raporterons contre la Lune pour prouver qu'elle n'eft point la caufe du Flux & du Reflux , ce
font les chofes effentielles que voicy. Premierement ,
puis que la Lune eft reconnuë faire la revolution du Zodiaque en 27 jours 7 heures & 43 minutes , & qu'elle
a paffé tous les meridiens du Globe terreftre , le demy
mois fluxifte devroit fuivant fon cours, être compofé de
13 jours 15 heures 51 minutes & 30 fecondes : Et le mois
fluxifte de 27 jours 7 heures & 43 minutes. Cependant la diftinction qu'il y a de 27 jours 7 heures & 43
minutes mois periodiq de la Lune , d'avec le mois fluxifte Solaire qui eft de 31 jour en 31 jour, fur lequel les Flux
& les Reflux font reglez , eft de 3 jours 16 heures & 17
minutes. Et au regard des 29 jours 12 heures 44 minutes,
cours Synodiq de cét Aftre Lunaire , il y a un jour 11
heures 26 minutes de difference , de l'heure & minute
certaine en un lieu fixe & certain , où le croiffement & le

decroiſſement du Flux & du Reflux ſe fait, & d'où il ſe retire ſuivant le cours du Soleil.

Or de cecy, il ſe prouve que la Lune ayant ſes revolutions ſi peu certaines, mais tres-diverſes, le calcul que l'on fait ſur 30 jours, pour ſçavoir l'heure & le tems que la marée arrivera en tel & tel endroit, êtant un conte fait ſur les jours du Soleil, il eſt tres-viſible que l'on a fort mal à propos tranſporté la puiſſance du Soleil à celle de la Lune, & que juſques icy le vulgaire a donné l'effet d'une production à un corps qui ne l'a jamais eu.

Tellement qu'il ne faut pas s'étonner ſi la Lune n'en êtant pas la cauſe, ce ſoit le Soleil qui faſſe les fortes & pleines mers deux fois l'année, qui eſt dans le tems des Equinoxes vers le 23 Mars, & le 23me Septembre; parce que ſes rayons ſont extraordinairement communiquez

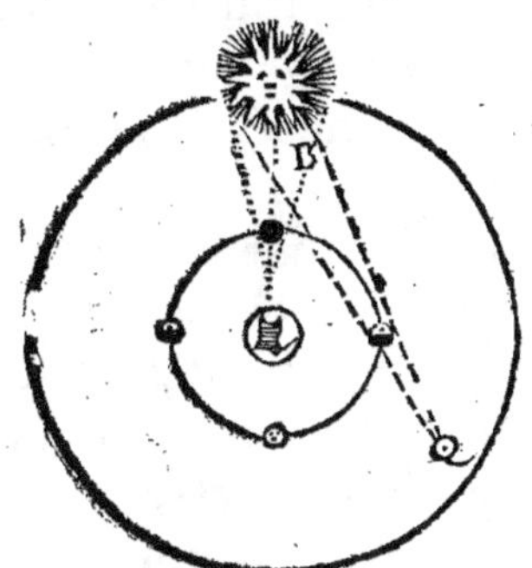

en ligne directe ſur le milieu de l'Ocean. Or ſi c'étoit la Lune qui eût la puiſſance de faire le Flux & le Reflux, pourquoy cette extraordinaire enfleure ne ſe feroit-elle pas tous les mois? Car tous les mois elle paſſe les Equinoxes en ſe rendant pleine & nouvelle avec le Soleil.

Mais nous demeurons bien d'accord que la Lune con-
tribuë à l'augmentation du Flux & du Reflux fuivant
qu'elle eft nouvelle ou pleine avec le Soleil; parce que
les rayons Lunaires font portez pour lors en ligne perpendiculaire fur le Globe terreftre: Mais dans l'afpect de
quadrature, fes rayons n'êtans pas portez fur le Globe
terreftre, mais conduits de B vers Q, la mer eft dans l'enfleure ordinaire que luy caufe le Soleil.

Quand par l'ufage de l'Epacte, l'on tient que le 30me
jour la Lune eft en conjonction avec le Soleil, c'eft l'a
retarder ou reculer de fes Nouvelles Lunes, d'onze heures
15 minutes 57 fecondes; car la conjonction ne fe fait
jamais de 30 jours en 30 jours, mais bien de 29 jours
12 heures 44 minutes 3 fecondes, en autres 29 jours
12 heures 44 minutes & 3 fecondes.

Le Soleil ayant fait 30 fois le tour du Globe terreftre,
la Lune ne l'a fait que 29 fois; non pas tout-à-fait
29 fois, y ayant 26 minutes 19 fecondes & 59 tierces
moins que les 29 jours.

Et lors que Le Soleil a fait 31 fois le tour de la terre,
la Lune ne l'a fait que 30 fois; non pas tout-à-fait 30
fois, y ayant une heure 15 minutes, 6 fecondes, 56 tierces & 58 quartes moins que les 30 jours.

Par ces calcules qui font exacts, on connoît affez que
l'ufage de l'Epacte qui va toûjours de 30 jours en 30
jours, n'a pas de conformité avec les Nouvelles Lunes; &
que ces 30 jours d'Epacte, font toûjours à l'égard du meridien auquel on conte 30 jours, les propres jours du
Soleil, & non ceux de la Lune; puifque les 30 jours y
font toûjours accomplis par le Soleil, 23 heures 33 minutes 40 fecondes & une tierce, avant que la Lune y arrive.

Ce que je viens de dire êtant veritable, il faut de toute necessité conclure, que l'usage de l'Epacte est pris sur les propres jours du Soleil, & non sur ceux de la Lune. Et parce que les 30 jours supposez pour faire une Nouvelle Lune, servent d'indice ou de charactere les figurant de 6 heures en 6 heures jusques à ce même 30me jour; c'est pourquoy je mets vis à vis de chacune 6 heures, le lieu où le Soleil se trouve, & ce qu'il a de son cours depuis qu'il a commencé le mois.

Or afin que l'indice consideré en l'Epacte soit continuel, & ait toûjours un rapport avec les 31 jours du cours du Soleil, on voit par le conte de l'Epacte, que quand on conte que la Lune a 30 jours, & le Soleil 31. ce premier iour aprés le 30 est mis au neant à l'égard du cours du Soleil, & pour le mois qui suit & qui se renouvelle, ce premier iour est mis au nombre des 30 iours qui doivent faire une seconde nouvelle Lune, ou plûtôt un second mois de la marée, & de la sorte sont les indices de chacun mois établis, sans qu'il y ait aucune alteration sensible aux heures & aux minutes que le Soleil fait & marque les marées.

De la grosseur du Soleil, de la Lune & de la Terre.

LE Soleil est tenu pour être 166 fois plus gros que la Terre, & la terre 39 fois plus grosse que la Lune. Le cercle A en la figure qui suit, montre la grosseur du Soleil au respect de la terre; la terre representée par le cercle B. Et quant à la Lune, voilà sa grosseur au respect du Soleil & de la terre.

On peut facilement mesurer le Globe terrestre en cette

façon. Quelqu'un ayant trouvé qu'elle est la latitude du
lieu où il est, ou l'élevation du Pole, part de ce lieu &
s'en va directement vers le Midy ou Septentrion, jusques à ce qu'il apperçoive que le Pole soit haussé ou

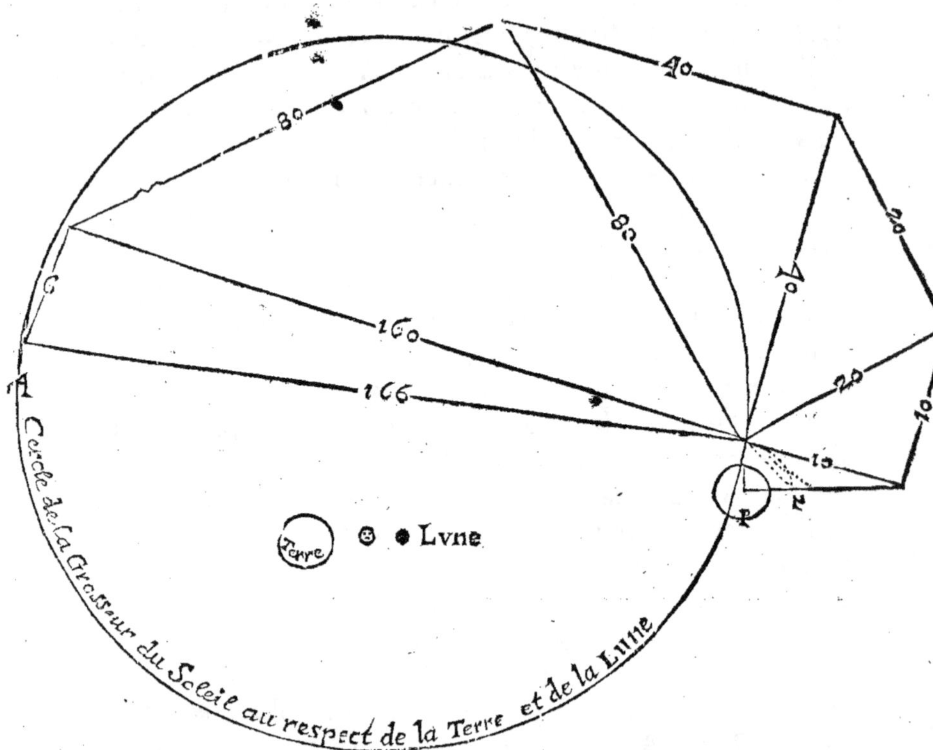

abaissé d'un degré. Ce qu'êtant arrivé, s'il mesure l'espace du chemin qu'il aura fait, il trouvera 20 lieuës, qui
seront la trois cens soixantiéme partie du circuit de la
terre. En multipliant donc 360 degrez par 20 lieuës, il
trouvera

trouvera que le tour de la terre contient 7200 lieuës. Ce qu'êtant connu, il sera aisé dé trouver le diametre & épaiffeur d'icelle par la regle d'Archimede, en difant fi 22 de circonference donne 7 de diametre, que donnera le circuit de la terre qui contient 7200 lieuës; le quatriéme nombre proportionel donnera 2291 lieuës pour l'épaiffeur requife, la moitié duquel nombre, fçavoir 1145 lieuës & demie, montrera combien il y a depuis la fuperficie jufqu'au centre.

De l'Apogée & Perigée du Soleil & de la Lune au regard du Flux & du Reflux.

L'Apogée du Soleil & de la Lune s'entend lors que l'un & l'autre Aftre font les plus éloignez de la terre, & les plus proches du Ciel. Le Perigée eft quand ils approchent plus prés de la terre, & qu'ils font les plus éloignez du Ciel. Mais foit que le Soleil & la Lune foient dans l'Apogée ou dans le Perigée : ces confiderations n'ont point fait remarquer jufques icy, que ce foit la caufe du croiffement & du decroiffement des marées : veu que l'un & l'autre Aftre étans affez fouvent dans le Perigée; c'eft le plus fouvent dans ce méme tems que les marées font tres-foibles : & affeurement elles le font toûjours lors qu'en ces lieux de l'Apogée ou Perigée, le Soleil & la Lune font dans l'afpect de quadrature: Car enfin l'augmentation ne fe trouve effentielle & forte, qu'autant que le Soleil & la Lune entrent en l'afpect de conjonction & d'oppofition; tems auquel la lumiere de ces deux Aftres eft tres-fortement portée en ligne directe fur le Globe terreftre, &c.

G

D'où vient que la Lune va par fois plus vîte sous le Zodiaque, & par fois plus lentement.

POur entendre cecy, il faut sçavoir que tous les Eccentriques vont d'Occident en Orient, & que les Planetes qui sont portez dans leur Epicycle, vont d'un côté, & tantôt de l'autre. Or est-il que le mouvement que fait la Lune en son Epicycle, étant toûjours surmonté par celuy de l'Eccentrique, elle n'est jamais dite retrograde. Toutesfois quand son mouvement est contre l'ordre des Signes, cela allentit de beaucoup le chemin quelle fait sous le Zodiaque, & alors elle est dite tardive en sa course. Et quand son corps va de méme part que l'Eccentrique, elle va fort vîte selon l'ordre des Signes, & en ce tems-là elle est dite vîte en sa course, & quand elle nous paroît aller seulement comme à raison de l'Eccentrique, elle est dite mediocre en sa course. Cette diversité de vitesse se peut remarquer aux Almanachs, où l'on voit par fois la Lune ne demeurer que deux jours en un signe, & quelque fois elle y en demeure trois. La Lune à cause de la vitesse de son Eccentrique & la petitesse de son Epicycle n'est sujete à aucune retrogradation. Le Ciel de Saturne fait en un an quelque douze degrez du Zodiaque, durant lequel tems ce planete va d'Orient en Occident par retrogradation, environ l'espace de quatre mois & demy. Jupiter retrogarde quelque peu moins. Mars environ deux mois & quelques jours. Les retrogradations des autres Planetes sont de moindre durée. Quand au Soleil il ne va jamais en retrogradant contre l'ordre des signes, qui est d'Occident en Orient, c'est pourquoy on n'a supposé aucun Epicycle en son mouvement.

Le Soleil a seulement trois Orbes. Les Concentriques en partie sont les deux Orbes d'inegale épaisseur E &

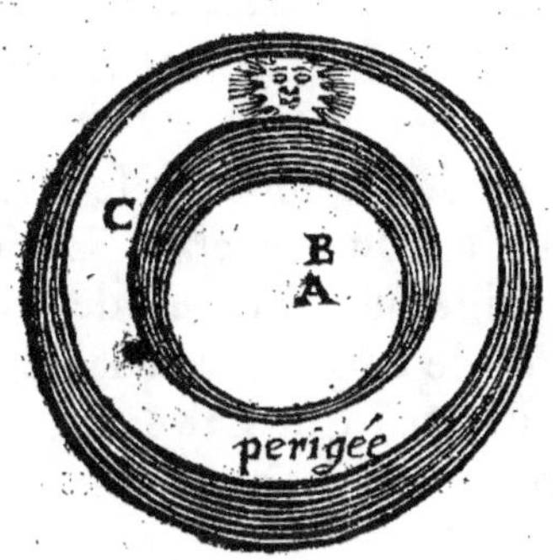

D. Le centre du monde A. L'Eccentrique qui porte le Soleil est C, son centre est B.

L'on tient qu'il y a 5 Orbes au Ciel de la Lune, les deux Concentriques en partie, l'Eccentrique, l'Epicycle

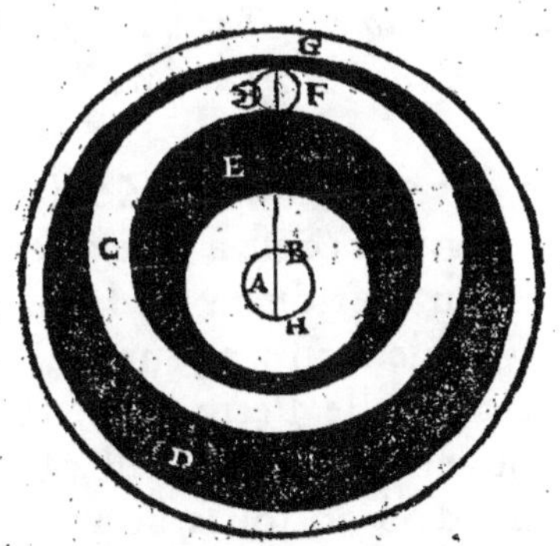

& le Déferent de la tête & queuë du Dragon.

Les deux Concentriques en partie sont les deux Orbes d'inegale épaisseur E & D. Le centre du monde est A.

L'Eccentique C qui porte l'Epicycle F, dans lequel eſt le corps du Planete. Le Déferent eſt l'Orbe exterieur G.

Des diverſes ſortes d'années, Civile, Tropique & Syderale.

L'Année Civile de laquelle on ſe ſert maintenant, a été ordonnée par Jules Ceſar : Et pour ce ſujet elle s'appelle l'année Julienne. Elle eſt de 365 jours 6 heures, qui font que de quatre en quatre ans, on ajoûte un jour en l'an biſſexte, qui a 366.

L'année Tropique eſt de 365 jours 5 heures & environ de 49 minutes.

L'an Syderal eſt de 365 jours 6 heures & 10 minutes, Cette année eſt plus grande que la precedente, à cauſe que les étoilles s'avancent pendant que le Soleil fait ſon tour & pour ſon égalité eſt la regle de l'année Tropique.

Du mois Periodiq & Synodiq de la Lune:
Et de l'An Lunaire.

LA Lune fait la revolution du Zodiaque en 27 jours 7 heures 43 minutes ; c'eſt à dire que ſi elle eſt nouvelle avec le Soleil au meridien Nord qui répond au Capricorne ♑, elle y revient en 27 jours 7 heures & 43 minutes ; ce mois eſt appellé Periodiq : Mais parce que le Soleil par ſon mouvement naturel eſt preſque arrivé au ſigne du Verſeau ♒ où 30 jours ſont marquez, il faut que la Lune pour le rejoindre employe 2 jours 5 heures une minute & 3 ſecondes, & alors elle a 29 jours 12 heures 44 minutes & 3 ſecondes, appellé mois Synodiq ou de conjonction.

Remarquez qu'au meridien Nord où le figne du Capricorne ♌ répond, il n'y eſt pas encore 30 jours à 2 heures
prés, & que la Lune eſt arrivée en ſa conjonction proche le figne du Verſeau ♒ où elle marque 29 jours 12
heures 44 minutes & 3 ſecondes.

L'an Lunaire eſt de 354 jours 6 heures, il n'eſt pas
tout-à-fait juſte ; ce qui provient de ce que l'on ne donne à la Lune pour ſon mois Synodiq, que 29 jours douze
heures 30 minutes : Car 29 jours 12 heures 30 minutes
ſont 12 fois en 354 jours 6 heures, leſquels 354 jours 6
heures, êtans ôtez de 365 iours 6 heures, reſtent les onze
jours d'Epacte.

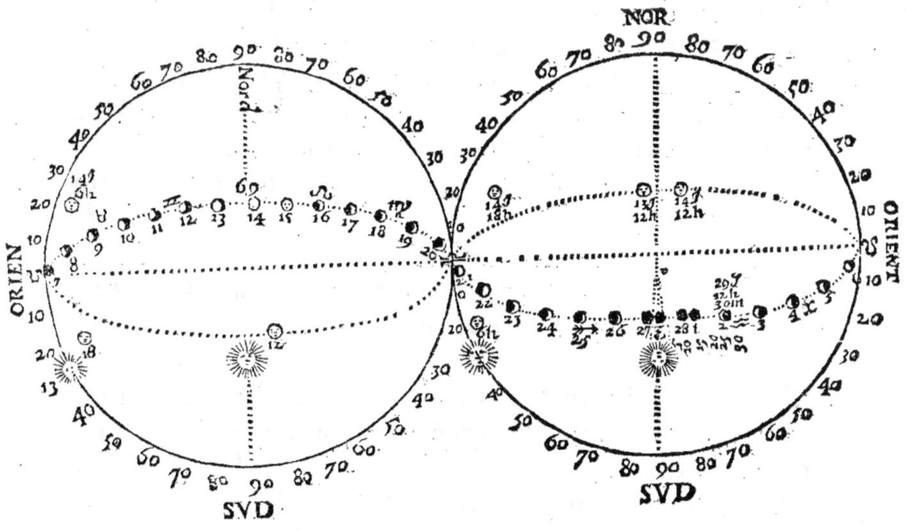

La Lune croît quand elle ſuit le Soleil, & elle décroît
lors qu'elle va devant. Mais pour ce qui regarde ce que

nous difons qu'elle croît & décroît, ce n'eft qu'à l'égard de fa lumiere que nous voyons plus ou moins; ce qui arrive & eft caufé par lieu oblique ou a plein où elle fe trouve placée en fon Ciel au refpect du lieu que nous habitons : car la moitié du corps de la Lune en quelque lieu qu'elle foit eft illuminée du Soleil. La Pleine-Lune luit tout le long de la nuit; la Nouvelle au commencement ; & la Vieille-Lune le jour.

La Lune devançant le Soleil de 180 degrez ou la moitié du Ciel, fe leve & fe montre en Orient quand le Soleil fe couche en Occident.

Quoy que la Lune foit icy reprefentée faire des revolutions égales d'un jour à l'autre, ce n'eft que pour faire connoître de quelle maniere elle fait voir fa lumiere, & comment nous la perdons. Mais pour ce qui eft de fon mouvement d'un jour à l'autre, pour fçavoir où elle fe peut trouver fur les meridiens du Globe terreftre, ayez recours aux calculs Ephemerides, & par iceux vous connoîtrez que la Lune n'a pas fes revolutions égales d'un jour à l'autre.

Du Flux Iournal. De l'augmentation du Flux qui arrive deux fois par mois : Et de celuy qui arrive deux fois par an.

ETant raifonnable que le plus magnifique de tous les Aftres, foit diftingué d'avec les autres : C'eft auffi par la puiffance que le Soleil a par deffus les autres Aftres, qu'en remarquans les divers afpects du Soleil & de la Lune, nous avons la connoiffance que le Soleil dilatant l'eau de la mer & l'élevant, cét effet journalier nous eft familier; que plus la mer Oceane fe trouve refer-

rée entre les rochers, & refifte contre le Soleil, contre la
Lumiere & contre l'Air, plus elle s'enfle en s'emmoncel-
lant comme en bute, & prend fa décharge fur tous les lieux
qui pendant les premieres 6 heures du cours du Soleil luy
fervent de fupport & de centre. Mais ces premieres fix
heures de flux & 12 minutes étans accomplies, & le Soleil qui eft toûjours emporté par le premier Mobile,
commençant à faire un fecond trajet de 93 degrez, les
feconds centres à centres qui répondent aux fecondes 6
heures 12 minutes, reçoivent en même tems l'enfleure;
& quand aux lieux qui répondent aux premieres 6 heures,
il y eft baffe mer.

Remarquez qu'il y a toûiours en chaque endroit où
la mer a accoûtumé de faire fa décharge, un flux de fix
heures & 12 minutes dont l'eau y demeure immobile:
Secondement 6 heures de reflux & 12 minutes, dont l'eau
y demeure immobile: En troifiéme lieu 6 heures de flux
& 12 minutes, dont l'eau y demeure immobile: Et en
quatriéme lieu 6 heures de reflux & 12 minutes, dont
l'eau y demeure immobile. Voilà comme en 24. heures
& 48 minutes les flux & les reflux fe font par la puiffance du Soleil.

L'enfleure qui arrive deux fois tous les mois, & laquelle eft augmentée pendant plufieurs jours, eft caufée par
l'afpect de conionction & d'oppofition du Soleil & de la
Lune; parce que la Lumiere & les rayons de ces deux A-
ftres agiffent tres-fort fur le Globe terreftre. Mais la Lune
entrant dans fa quadrature, & fa Lumiere ne pouvant
pour lors être portée & conduite par le Soleil fur le Globe
terreftre, la mer eft feulement dans l'enfleure que luy caufe
le Soleil.

Le Soleil dans les Equinoxes d'Ariés & de Libra, vers le
23 de Mars & le 23 Septembre, se trouvant plus sur le
milieu de la mer qu'en tout autre tems ; & la dilatation
qu'il y fait pour lors étant plus forte qu'en tout autre
lieu où il se trouve ; la pression en étant augmentée, augmente l'enfleure : c'est pourquoy il arrive que le Soleil entrant deux fois par an en ces signes d'Ariés & de Libra,
deux fois par an les Marées sont plus fortes.

Du Chef-d'eau & Basse-eau sur le cours du Soleil & de la Lune.

PArce qu'il y a eu grande dilatation de l'eau de la
mer, de l'air, & de l'amas des vapeurs humides qui
sont en la moyenne region de l'air, les premier & deuxiéme iours qui suivent les aspects de conionction &
d'opposition du Soleil & de la Lune, tems auquel l'agitation est plus violente sur le Globe terrestre, la dilatation (cause de l'emmoncelement de l'eau) étant plus
forte ; plus aussi l'emmoncelement est fort, & l'enfleure
du flux nous paroît extraordinairement élevée.

Ainsi le premier & le second iour qui suivent les pleines & nouvelles Lunes, les Marées sont tres-fortes, & alors
on les appelle Chef - d'eau : Le troisiéme iour les Marées
sont encore tres-fortes : mais le quatriéme iour la Lune au
respect de la terre, se retirant petit à petit des regards di-
rects du Soleil, les marées s'affoiblissent ; ce qui continuë, le 5 le 6 & le septiéme jour : le huitiéme les marées
sont encore plus foibles : le neufiéme il en est de méme :
& entre le 10 & le 11 la marée commence à se rendre
plus forte, & croît à mesure que la Lune prend sa plei-

neur

neur & retourne au renouveau. Le quinziéme jour la marée se trouve donc tres-forte, mais sut tour augmente le
16 & le dix-septiéme jour, par les causes que nous venons de déduire. Entre le 18 & le 19 auquels la Lune est
avancée dans son decours , les marées recommencent à
s'affoiblir ; la méme chose arrive depuis le vingtiéme
jusqu'au 23 qu'elles viennent derechef en leur moindre force, & elles sont en cét état le 24 & le vingt-cinquiéme. Mais entre le 25 & le 26me jour que la Lune
recommence à prendre sa plenitude, les marées recommencent à devenir plus fortes, & elles ont leur augmentation jusqu'au trentiéme, aprés quoy suit le Chef-d'eau.

Considerations sur le Flux & le Reflux, eu égard aux Eclypses
du Soleil & de la Lune.

A L'égard de l'Eclipse du Soleil laquelle arrive par
l'interposition diametrale de la Lune entre luy &
la Terre , mon opinion est qu'il y a plûtôt augmentation que diminution de Flux: veu que la Lune étant
pour lors diametralement entre le Soleil & la terre , &
reflechissant sur le corps du Soleil la lumiere qui luy est
donnée , alors ce fort reflechissement étant porté &
conduit par le Soleil sur la terre , en passant par les deux
côtez de la Lune , il ne peut autrement qu'il n'y ait augmentation d'enfleure plûtôt que diminution.

Quoy qu'il en soit, cét effet d'Eclipse pour le Flux
& le Reflux est si peu considerable , qu'on ne peut rien
remarquer que ce qui se fait dans l'ordinaire.

Pour ce qui est de l'Eclipse de la Peine-Lune , qui
arrive quand la Lune approche de la Terre, & que l'om-

H

bre ou la grosseur d'icelle empêche que le Soleil ne l'il-
lumine, je croy que cela apporte quelque diminution
d'enfleure. Mais comme le Soleil est la cause du Flux,
& qu'il agit continuellement sur le Globe terrestre, cette privation de lumiere au corps de la Lune dans quelque moment de son opposition étant de peu de durée,
cela ne peut marquer au regard du Flux & du Reflux
une alteration ou une diminution qui soit sensible.

*Avertissement sur les Flux & les Reflux d'Eté & d'Hyver :
Et qu'il n'y a point de nuit ny de cessation au regard
des Flux à Flux, & des Reflux à Reflux.*

SI on m'objecte que le Soleil étant au Soltice de l'E-
crevisse, tems auquel il fait nôtre Eté en la partie
Septentrionale, le Flux y doit paroître plus fort qu'en
tout autre tems, parce qu'il agit en ligne directe comme lors qu'il est dans les Equinoxes ; c'est à dire dans
Aries & dans Libra. Je feray remarquer pour réponse
la situation des terres & de la mer Oceane : veu que le
Soleil parcourant le signe de l'Ecrevisse, se trouvant a-
vancé sur beaucoup de terres, il doit necessairement arriver que l'effet de son pouvoir direct sur la mer ne peut
jamais être si considerable que quand il parcourt les si-
nes d'Aries & de Libra, qui est le tems des Equinoxes;
parce que pour lors il agit & est plus sur le milieu de
la mer qu'en tout autre tems.

A l'égard du Flux d'Eté & d'Hyver, le Soleil étant
en l'un & l'autre des deux signes de l'Ecrevisse & du Capricorne, nous avons nos Flux & nos Reflux égaux,
par le moyen des reciproquations d'enfleures lesquelles

prennent leur décharge à leur centre à centre tout au
tour du Globe : & s'il y a quelque moindre hauteur d'enfleure en l'une ou l'autre part de la partie Septentrionale & Meridionale, c'est si peu de chose que la difference n'en est pas considerable.

Par le méme effet des reciproquations d'enfleures, il
arrive pareillement qu'il n'y a jamais de nuit à l'égard
des flux à flux & des reflux à reflux ; veu que l'Ocean
tournant au tour du Globe : c'est au tour du Globe aussi
que se font les reciproquations d'enfleures.

Quand je dis icy que les reciproquations se font à
l'entour du Globe ; c'est à dire comme je m'en suis
expliqué par mes demonstrations , que les hautes &
basses mers y sont toutes entre-lacées les unes entre les
autres.

La Figure fuivante fait voir quels fignes répondent
à chacun des mois de l'année. Et fi on defire fçavoir en

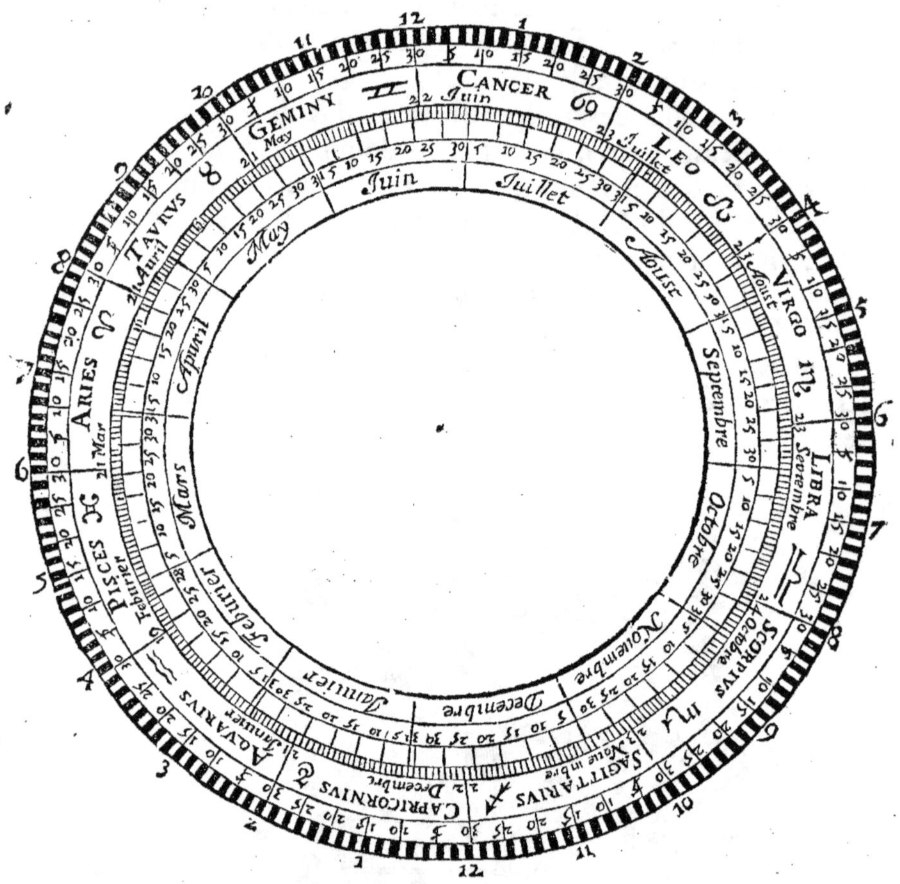

quels fignes fe trouvent le Soleil & la Lune, faut mettre
le Soleil fur le jour du mois que l'on tient, & la Lune fur
le jour de fon âge; cét âge fe connoît par l'Epacte.

L'afpect Sextil eft quand il y a deux fignes ou 6 o degrez ; le Quadrat eft quand il y en a trois ou 90 degrez; le Trine lors qu'il y en a quatre ou 120 degrez ; & l'Oppofition lors qu'il y en a fix ou 180 degrez.

Comme quoy les Aftres font connûs eftre plus éloignez
de la Terre les uns que les autres.

LA plus certaine preuve , & qui détermine plus affeurement les diftances que les Aftres peuvent avoir au refpect de la terre , eft le Parallaxe, Car felon qu'ils font prés ou loin de la terre, le Parallaxe fera plus grand ou plus petit , & s'il ne s'en trouve point , c'eft un indice certain que le corps eft tres-éloigné. Et par cette confideration la Lune a été mife la plus baffe , pour avoir un plus grand Parallaxe : Le Soleil plus haut pour n'en avoir pas tant : Et Mars encore plus loin pour l'avoir comme infenfible.

Le Parallaxe eft un arc ou partie de circonference du

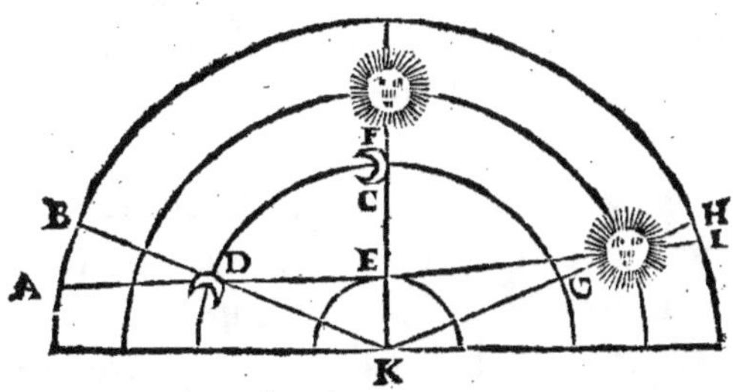

huitiéme Ciel , compris entre le vray lieu d'un Planete , & fon lieu apparent , dont voicy la demonftration. Si de la fuperficie de la terre où nous fommes ,

nous imaginons une ligne droite qui parte de nôtre
œil: & paffe par le centre d'un Planete, icelle prolongée monftrera au Zodiaque le lieu apparent du Planete.

Mais fi du centre de la terre on imaginoit une autre
qui traversât le méme Planete, icelle prolongée mon-
ftreroit le vray lieu, & l'arc qui feroit compris entre ces
deux lieux; comme de A à B, ou de H à I, s'appelleroit
Parallaxe ou diverfité d'afpect, comme l'un partant de
la fuperficie de la terre, & l'autre du centre : ce qui arrive
feulement aux Planetes inferieurs, d'autant que le diametre de la terre a quelque quantité notable au refpect
de leurs diftances; & non pas aux fuperieurs à caufe qu'ils
font trop éloignez. Et qu'enfin il n'y a aucun Parallaxe
quand le Planete eft vertical ; parce que la ligne qui
part de la fuperficie & du centre de la terre finit enfemble, & monftre étant prolongée, un méme lieu au Ciel.
Le Diametre K E F vous en donne la demonftration.

---

*Pourquoy le Flux eft de 6 heures en certaines Rivieres, au lieu
qu'en d'autres il n'eft que de 5 heures, que de 4. heures, de 3,
de 2, & d'une heure : Et le Reflux de 11 heures, de 10, de
9, de 8, de 7, & de 6 heures.*

L'Enfleure ayant la liberté de s'étendre & de couler
uniment au tour du bordage des rochers qui ont
une figure circulaire & unie, fait que les rivieres & les
Fleuves qui entrent en la mer par des côtes de pareille
forme, reçoivent beaucoup moins de décharge des enfleures, que les rivieres qui entrent en la mer par des
lieux enfoncez, creux & profonds.

Et au contraire l'enfleure pour fa decharge, ayant à

paſſer de A vers le détroit V, êtant interrompuë par
l'oppoſition de la côte du rocher O V qui luy fait face
oppoſée, monte en ligne perpendiculaire de O vers D,
& prend ſa décharge ſur le Fleuve de O à X ; parce

qu'elle ne peut monter d'un côté qu'elle ne monte auſſi
de l'autre.

Et enfin quant à la petite curioſité, de ſçavoir pourquoy il y a Flux d'une heure dans des rivieres & Reflux
de onze heures ; flux de deux heures & reflux de dix ;
flux de trois heures & reflux de neuf ; flux de quatre
heures & reflux de huit ; flux de cinq heures & reflux
de ſept ; & finalement flux de ſix heures & reflux de ſix
heures : Les diverſes formes des rochers , & les diverſes
emboucheures des rivieres qui environnent la mer, ſont
les ſeules cauſes de cette difference.

L'enfleure faite par la dilatation & la preſſion, commençant à ſe former à l'emboucheure du fleuve B, & montant pendant ſix heures de B à A, fait ſa décharge ſur le Fleuve pendant les mémes ſix heures de B à D : Et ainſi il arrive que la riviere marquée par le chiffre 5. qui tombe en la mer par la côte du rocher élevée preſque droite, n'ayant que 5 heures de montant & de décharge du Flux, le Reflux y eſt de 7 heures : la riviere au deſſus marquée par un 4, n'ayant eu que 4 heures de Flux, ſon reflux eſt de 8 heures : la riviere marquée 3, n'ayant eu que 3 heures de Flux, ſon reflux eſt de 9 heures : la riviere marquée 2, n'ayant eu que 2 heures de Flux,

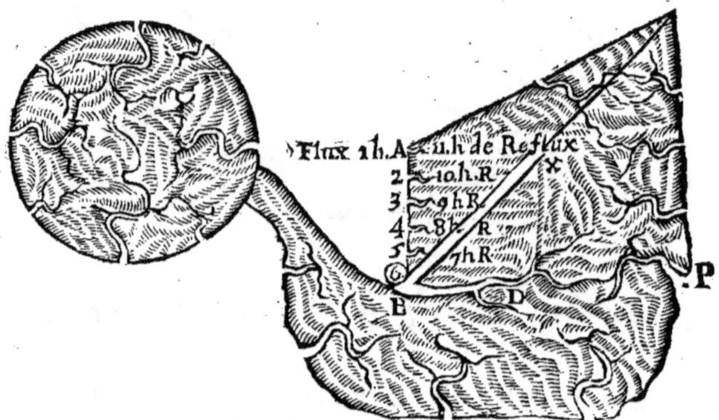

ſon reflux eſt de 10 heures : & la riviere marquée par un 1, n'ayant qu'une heure de Flux, ſon reflux eſt de 11 heures.

Deſcription du Flux & du Reflux de la Garonne.

ETant vray que plus les emboucheures des rivieres ſont larges & profondes, plus les enfleures de la mer

mer y tiennent pour leur décharge divers centres à centres, ainsi qu'il y en a le long du bordage des rochers & aux Isles; il en resulte que l'emboucheure de la Garonne étant de beaucoup plus large & plus enfoncée dans les terres que celle de la riviere de la Seine, il s'y trouve toûjours en méme tems deux Flux & deux Reflux. Mais dans la Seine il n'y a seulement qu'un Flux & un Reflux en méme tems.

Le 15 ou le trentiéme jour de la marée, étant haute mer à l'emboucheure de la Garonne à 3 heures du matin, il est basse mer à 3 heures du matin à Mortagne distant de 10 lieuës de l'emboucheure; pendant les mémes 3 heures, il est haute mer à 3 lieuës au dessus de Bourdeaux, qui font depuis Mortagne jusques à 3 lieuës au dessus de Bourdeaux 13 lieuës; & encore dans le tems de ces trois heures du matin, il est basse mer à saint Macaire, lieu éloigné au dessus de Bordeaux de 9 lieuës & demie.

Haute mer à l'emboucheure de la Garonne à 3 heures du matin.

Basse mer à l'emboucheure de la Garonne à 9 heures du matin.

Basse mer à Mortagne à 3 heures du matin.
Haute mer à Mortagne à 9 heures du matin.

Haute mer à 3 lieuës au dessus de Bordeaux à 3 heures du matin.
Basse mer à 3 lieuës au dessus de Bordeaux à 3 heures du matin.
Basse mer à saint Macaire à 3 heures du matin.
Haute mer à saint Macaire à 9 heures du matin.

I

Ce qui fait le lieu large de l'emboucheure de la Garonne, & que cette emboucheure est enfoncée dans les terres; sont d'un côté les hauteurs du Cap de Finisterre; & de l'autre côté l'Isle d'Oüessant. Et ainsi en ces diverses formes de la terre (semblables aux demonstrations generales que je vous ay données) vous connoissez que les emboucheures des rivieres, qui de la sorte sont larges & enfoncées dans les terres, sont dans l'obligation de recevoir beaucoup d'enfleures, & d'avoir en leur lit plusieurs Flux & Reflux.

Du Flux & du Reflux de la Riviere d'Arques.

LA Riviere d'Arques sur la côte de Dieppe, étant une de ces petites rivieres rapides, qui entrent en la mer par des endroits de rochers qui ont leur côte fort devalente & comme élevée & droite, le Flux n'y peut avoir son cours pendant six heures, comme il fait dans les rivieres qui entrent en la mer par des lieux profonds: C'est pourquoy le Flux n'ayant la liberté que de se décharger pendant quatre heures dans cette riviere d'Arques, y laisse la liberté du Reflux de 8 heures.

Description du Flux & du Reflux de la Seine.

ETant haute mer à l'emboucheure du Havre de Grace à 9 heures, le 15 ou le trentiéme jour de la marée, il est 9 heures à la demi-haute mer au lieu de la Milleraye, éloigne de l'emboucheure du Havre de 19 lieuës.

La pointe du Flux arrivant à 12 heures devant Roüen,

qui eft éloigné de la Milleraye de 15 lieuës, il eft 12
heures lors de la haute mer à la Milleraye, & demy-
baffe mer au Havre de Grace à 12 heures.

Mais le Flux fe pouffant de devant Roüen pour arriver au Pont de l'Arche (éloigné de Roüen de 7 lieuës
par eau) & y étant arrivé à 3 heures, lors de ces trois
heures, il eft haute mer à Roüen, demi-baffe mer à la
Milleraye, & baffe mer au Havre de Grace. Enfuite
l'enfleure qui eft lâchante au Pont-de-l'Arche prenant
fon écoulement en reflux pour décendre à la Milleraye,
il fe fait derechef un Flux à l'emboucheure du Havre,
lequel monte vers lieu de la Milleraye.

Lors que quelques Bateliers difent que le Reflux a
quelque fois 7 heures de décente vers l'emboucheure de
la mer, voicy ce qu'il faut entendre; que cette décente
d'environ 7 heures n'arrive que dans le tems des foibles
marées : Secondement que les ravines d'eaux décendent
par fois avec beaucoup de rapidité, & finalement qu'un
vent contraire recule la marée.

Afin que le Flux monte bien haut dans la Seine, &
qu'il puiffe aller jufques au Pont-de-l'Arche, il faut que
le Soleil foit en Ariés ou en Libra, tems des Equinoxes,
auquel cét aftre fe trouvant plus fur le milieu de la mer
qu'en tout autre tems; la dilatation & la preffion qu'il
fait augmente l'enfleure & l'emmoncelement de l'eau.

Du prétendu Flux & Reflux de l'Euripe.

L'Euripe eft un petit détroit dans la mer mediteran-
née qui fepare l'Archipel d'avec l'Ifle de Negrepont.

Ceux qui ont crû qu'il y avoit Flux & Reflux 7 fois en 24 heures ; en ont été peu informez ; Ce n'eft pas que la chofe fût impofible , quoy que le Soleil n'agiffe pas fur cette mer ; car fi on conçoit qu'en cét endroit de l'Euripe il y ait plufieurs décharges de l'Ocean par les lieux foûterains , il feroit affez naturel que la mer Oceane par fes Flux & Reflux , fit obferver un croiffement & un décroiffement dans l'Euripe.

Mais tous les curieux qui fe font voulu informer de ce qui fe paffe en l'Euripe , & ceux du païs même def-avoüent ce prétendu Flux, & particularifent feulement qu'il s'y voit quelques courants d'eaux ; que de ces courants d'eaux il y en a qui font toûjours forts , & ont un même cours fans decroître , & d'autres courants qui quelque tems paroiffent un peu , & lefquels ceffent par le changement des faifons.

Mon opinion fur ce qui fe paffe en l'Euripe , eft donc qu'il ny á rien autre chofe de particulier , que ce qui fe fait en divers endroits de l'Ocean où l'on void plufieurs courants d'eaux , qui proviennent par des lieux foûter-rains des décharges de plufieurs mers. Et quant aux courants d'eaux qui paroiffent fenfibles pendant quelque tems, j'inferre que cela provient de la décharge de lieux fujets à être taris, ou qui en s'abaiffans laiffent la fource tellement élevée, que l'eau ne s'y écoulant plus, l'effet fenfible de cét écoulement s'affoiblit & y ceffe pareille-ment.

Si ces courants d'eaux n'étoient pas familiers à ceux qui ont été fur la mer & qui y vont , je me contenterois de raporter icy , que Thucidide , Voffius ; André Thevet & quantité d'autres denient ce prétendu Flux & Reflux de l'Euripe de l'Euripe de sept fois en 24 heures : Mais bien que dans l'Euripe il y a quelques courants d'eaux.

Le Soleil n'agit point sur la mer Mediterranée quand il parcourt les signes meridionaux : & lors qu'il parcourt les signes Septentrionaux, & qu'il est autant qu'il peut jamais être sur la mer Mediterranée ; ce n'est que lors qu'il est au signe de l'Ecrevisse ; mais le plus qu'il y peut agir en 24 heures, n'est que deux heures de tems. La mer Mediterranée n'ayant point d'entrée ny de sortie avec l'Ocean, n'a son Flux & son Reflux qu'au détroit de Gibraltar.

TABLES PERPETVELLES DES MARE'ES
SUR LE COURS DU SOLEIL.

Sud & Nord à 12 Heures.

Les Heures & minutes des hautes & baſſes mers marquées en cette Table, & en toutes les autres qui ſuivent, peuvent ſervir pour tous les differents endroits de la mer. *Et quand à ce qui ſera de declarer ou le Soleil ſe trouve, l'inſtruction en eſt donnée dans un chapitre qui ſuit*	o	A 12 heures de jour haute mer, à l'iſle de Maſcaṛenhas qui répond au 90 degré de Longitude.　　H
	6 h	Le Soleil paſſe de 12 minutes l'Oüeſt, ou répond le 183 degré de Longitude. A 6 heures 12 minutes du ſoir baſſe mer.　　B
	12 h	Le Soleil paſſe de 24 minutes le Nord, ou répond le 276 degré de Longitude. A 12 heures 24 minutes aprés minuit haute mer.　　H
	18 h	Le Soleil ſe trouve à 9 minutes au deſſous de l'Eſt ¼ de Sud Eſt, ou répond le 9 dégré de Longitude. A 6 heures 36 minutes du matin baſſe mer.　　B
1. J.		Le Soleil a de ſon cours depuis qu'il a commencé le mois 1 jour 48 minutes, & ſe trouve à 3 minutes au deſſus de Sud ¼ de Sud Oüeſt, ou répond le 102 degré de Longitude. A 12 heures 48 minutes aprés midy haute mer.　　H
1. J.	6 h	Le Soleil a de ſon cours 1 jour 7 heures, & paſſe de 15 minutes l'Oüeſt ¼ de Nord Oüeſt, 195 degré de Longitude. A 7 heures du ſoir baſſe mer.　　B
1. J.	12 h	Le Soleil a de ſon cours depuis qu'il a commencé le mois 1 jour 13 heures 12 minutes, & ſe trouve à 18

Le Lieu du Soleil, à l'égard de l'Iſle de Maſcarenhas qui répond au 90 degré de Löngitude, & à 1 degrez & demi de Latitude Sud.

		minutes au deſſous du Nord Nord-Eſt, 288 degré de Longitude. A 1 heure 12 minutes aprés minuit haute mer. H
1. J.	18 h	Le Soleil a de ſon cours depuis qu'il a commencé le mois 1 jour 19 heures 24 minutes, & ſe trouve à 6 minutes au deſſous de l'Eſt Sud-Eſt, 21 degré de Longitude. A 7 heures 24 minutes du matin baſſe mer. B
2. J.		Le Soleil a de ſon cours 2 jours 1 heure 36 minutes, & paſſe le Sud Sud-Oüeſt de 6 minutes, 114 degré de Longitude. A 1 heure 36 minutes aprés midy haute mer. H
2. J.	6 h	Le Soleil a de ſon cours 2 jours 7 heures 48 minutes, & paſſe l'Oüeſt Nord-Oüeſt de 18 minutes, 207 degré de Longitude. A 7 heures 48 minutes du ſoir baſſe mer. B
2. J.	12 h	Le Soleil a de ſon cours 2 jours 14 heures, & ſe trouve à 15 minutes au deſſous du Nord-Eſt $\frac{1}{4}$ de Nord, 300 degré de Longitude. A 2 heures aprés minuit haute mer. H
2. J.	18 h	Le Soleil a de ſon cours 2 jours 20 heures 12 minutes, & ſe trouve à 3 minutes au deſſous du Sud-Eſt $\frac{1}{4}$ de Eſt, 33 degré de Longitude. A 8 heures 12 minutes du matin baſſe mer. B
3. J.		Le Soleil a de ſon cours 3 jours 2 heures 24 minutes, & paſſe de 9 minutes le Sud-Oüeſt $\frac{1}{4}$ de Sud, 126 degré de Longitude. A 2 heures 24 minutes aprés midy haute mer. H
3. J.	6 h	Le Soleil a de ſon cours 3 jours 8 heures 36 minutes, & paſſe de 21 minutes le Nord-Oüeſt $\frac{1}{4}$ de Oüeſt, 219 degré de Longitude. A 8 heures 36 minutes du ſoir baſſe mer. B

3. J.	12 h	Le Soleil a de son cours 3 jours 14 heures 48 minutes, & se trouve à 12 minutes au dessous du Nord-Est, 312 degré de Longitude. A 2 heures 48 minutes aprés minuit haute mer. H
3. J.	18 h	Le Soleil a de son cours 3 jours 21 heures, & se trouve au meridien Sud-Est, 45 degré de Longitude. A 9 heures du matin basse mer. B
4. J.		Le Soleil a de son cours 4 jours 3 heures 12 minutes, & passe de 12 minutes le Sud-Oüest, 138 degré de Longitude. A 3 heures 12 minutes aprés midy haute mer. H
4. J.	6 h	Le Soleil a de son cours 4 jours 9 heures 24 minutes, & se trouve à 21 minutes au dessous du Nord-Oüest $\frac{1}{4}$ de Nord, 231 degré de Longitude. A 9 heures 24 minutes du soir basse mer. B
4. J.	12 h	Le Soleil a de son cours 4 jours 15 heures 36 minutes, & se trouve à 9 minutes au dessous du Nord-Est $\frac{1}{4}$ de Est, 324 degré de Longitude. A 3 heures 36 minutes aprés minuit haute mer. H
4. J.	18 h	Le Soleil a de son cours 4 jours 21 heures 48 minutes du soir, & passe de 3 minutes le Sud-Est $\frac{1}{4}$ de Sud, 57 degré de Longitude. A 9 heures 48 minutes du matin basse mer. B
5. J.		Le Soleil a de son cours 5 jours 4 heures, & passe de 15 minutes le Sud-Oüest $\frac{1}{4}$ de Oüest, 150 degré de Longitude. A 4 heures aprés midy haute mer. H
5. J.	6 h	Le Soleil a de son cours 5 jours 10 heures 12 minutes, & se trouve à 18 minutes au dessous du Nord Nord-Oüest, 243 degré de Longitude. A 10 heures 12 minutes du soir basse mer. B

5. I. | 12 h | Le

5. J.	12 h.	Le Soleil a de son cours 5 jours 16 heures 24 minutes, & se trouve à 6 minutes au dessous de l'Est Nord-Est. A 4 heures 24 minutes aprés minuit haute mer.	H
5. J.	18 h.	Le Soleil a de son cours 5 jours 22 heures 36 minutes, & passe de 6 minutes le Sud Sud-Est. A 10 heures 36 minutes du matin basse mer.	B
6. J.		Le Soleil a de son cours 6 jours 4 heures 48 minutes, & passe de 18 minutes l'Oüest Sud-Oüest. A 4 heures 48 minutes aprés midy haute mer.	H
6. J.	6 h.	Le Soleil a de son cours 6 jours 11 heures, & se trouve à 15 minutes au dessous du Nord $\frac{1}{4}$ de Nord-Oüest. A 11 heures du soir basse mer.	B
6. J.	12 h.	Le Soleil a de son cours 6 jours 17 heures 12 minutes, & se trouve à 3 minutes au dessous de l'Est $\frac{1}{4}$ de Nord-Est. A 5 heures 12 minutes aprés ~~midy~~ minuit haute mer.	H
6. J.	18 h.	Le Soleil a de son cours 6 jours 23 heures 24 minutes, & passe de 9 minutes le Sud $\frac{1}{4}$ de Sud-Est. A 11 heures 24 minutes du matin basse mer.	B
7. J.		Le Soleil a de son cours 7 jours 5 heures 36 minutes, & passe de 21 minutes l'Oüest $\frac{1}{4}$ de Sud Oüest. A 5 heures 36 minutes du soir haute mer.	H
7. J.	6 h.	Le Soleil a de son cours 7 jours 11 heures 48 minutes, & se trouve à 12 minutes au dessous du Nord. A 11 heures 48 minutes du soir basse mer.	B
7 J.	12 h.	Le Soleil a de son cours 7 jours 18 heures, & se trouve au meridien Est, ou Orient. A 6 heures du matin haute mer.	H

7. J.	18 h	Le Soleil a de son cours 8 jours 12 minutes, & passe de 12 minutes le Sud. A 12 heures 12 minutes aprés midy basse mer.	B
8. J.		Le Soleil a de son cours 8 jours 6 heures 24 minutes, & se trouve à 21 minutes au dessous de l'Oüest ¼ de Nord-Oüest. A 6 heures 24 minutes du soir haute mer.	H
8. J.	6 h	Le Soleil a de son cours 8 jours 12 heures 36 minutes, & se trouve à 9 minutes au dessous du Nord ¼ de Nord-Est. A 12 heures 36 minutes aprés minuit basse mer.	B
8. J.	12 h	Le Soleil a de son cours 8 jours 18 heures 48 minutes, & passe de 3 minutes l'Est ¼ de Sud-Est. A 6 heures 48 minutes du matin haute mer.	H
8 J.	18 h	Le Soleil a de son cours 9 jours 1 heure, & passe de 15 minutes le Sud ¼ de Sud-Oüest. A 1 heure aprés midy basse mer.	B
9. J.		Le Soleil a de son cours 9 jours 7 heures 12 minutes, & se trouve à 18 minutes au dessous de l'Oüest Nord-Oüest. A 7 heures 12 minutes du soir haute mer.	H
9. J.	6 h	Le Soleil a de son cours 9 jours 13 heures 24 min. & se trouve à 6 minutes au dessous du Nord Nord-Est. A 1 heure 24 minutes aprés minuit basse mer.	B
9. J.	12 h	Le Soleil a de son cours 9 jours 19 heures 36 minutes, & passe de 6 minutes l'Est Sud-Est. A 7 heures 36 minutes du matin haute mer.	H
9. J.	18 h	Le Soleil a de son cours 10 jours 1 heure 48 minutes, & passe de 18 minutes le Sud Sud-Oüest. A 1 heure 48 minutes aprés midy basse mer.	B

10. J.		Le Soleil a de son cours 10 jours 8 heures, & se trouve à 15 minutes au dessous du Nord-Oüest $\frac{1}{4}$ de Oüest. A 8 heures du soir haute mer. H
10. J.	6 h	Le Soleil a de son cours 10 jours 14 heures 12 minutes, & se trouve à 3 minutes au dessous du Nord-Est $\frac{1}{4}$ de Nord. A 2 heures 12 minutes aprés minuit basse mer. B
10. J.	12 h	Le Soleil a de son cours 10 jours 20 heures 24 minutes, & se trouve à 9 minutes au dessous du Sud-Est $\frac{1}{4}$ de Est. A 8 heures 24 minutes du matin haute mer. H
10. J.	18 h	Le Soleil a de son cours 11 jours 2 heures 36 minutes, & se trouve à 21 minutes au dessus du Sud-Oüest $\frac{1}{4}$ de Sud. A 2 heures 36 minutes aprés midy basse mer. B
11 J.		Le Soleil a de son cours 11 jours 8 heures 48 minutes, & se trouve à 12 minutes au dessous du Nord-Oüest. A 8 heures 48 minutes du soir haute mer. H
11. J.	6 h	Le Soleil a de son cours 11 jours 15 heures, & se trouve au Nord-Est. A 3 heures aprés minuit basse mer. B
11. J.	12 h	Le Soleil a de son cours 11 jours 21 heures 12 minutes, & se trouve à 12 minutes au dessus du Sud-Est. A 9 heures 12 minutes du matin haute mer. H
11. J.	18 h	Le Soleil a de son cours 12 jours 3 heures 24 minutes, & se trouve à 21 minutes au dessous du Sud Ouest $\frac{1}{4}$ de Ouest. A 3 heures 24 minutes aprés midy basse mer. B

12. J.		Le Soleil a de son cours 12 jours 9 heures 36 minutes, & se trouve à 9 minutes au dessous du Nord Ouest $\frac{1}{4}$ de Nord A 9 heures 36 minutes du soir haute mer. H
12. J.	6 h	Le Soleil a de son cours 12 jours 15 heures 48 minutes, & se trouve à 3 minutes au dessus du Nord-Est $\frac{1}{4}$ de Est. A 3 heures 48 minutes aprés minuit basse mer. B
12. j.	12 h	Le Soleil a de son cours 12 jours 22 heures, & se trouve à 15 minutes au dessus du Sud-Est $\frac{1}{4}$ de Sud. A 10 heures du matin haute mer. H
12. J.	18 h	Le Soleil a de son cours 13 jours 4 heures 12 minutes, & se trouve à 18 minutes au dessous de l'Ouest Sud-Oüest. A 4 heures 12 minutes aprés midy basse mer. B
13. J.		Le Soleil a de son cours 13 jours 10 heures 24 minutes, & se trouve à 6 minutes au dessous du Nord Nord-Ouest. A 10 heures 24 minutes du soir haute mer. H
13. J.	6 h	Le Soleil a de son cours 13 jours 16 heures 36 minutes, & se trouve à 6 minutes au dessus de l'Est Nord-Est. A 4 heures 36 minutes aprés minuit basse mer. B
13. J.	12 h	Le Soleil a de son cours 13 jours 22 heures 48 minutes, & se trouve à 18 minutes au dessus du Sud Sud-Est. A 10 heures 48 minutes du matin haute mer. H
13. J.	18 h	Le Soleil a de son cours 14 jours 5 heures, & se trouve à 15 minutes au dessous de l'Oüest $\frac{1}{4}$ de Sud Oüest. A 5 heures du soir basse mer. B

14. J.		Le Soleil a de son cours 14 jours 11 heures 12 minutes, & se trouve à 3 minutes au dessous du Nord ¼ de Nord-Oüest. A 11 heures 12 minutes du soir haute mer. H
14. J.	6 h	Le Soleil a de son cours 14 jours 17 heures 24 minutes, & se trouve à 9 minutes au dessus de l'Est ¼ de Nord-Est. A 5 heures 24 minutes aprés minuit basse mer. B
14. J.	12 h	Le Soleil a de son cours 14 jours 23 heures 36 minutes, & se trouve à 21 minutes au dessus du Sud ¼ de Sud-Est. A 11 heures 36 minutes du matin haute mer. H
14. j.	18 h	Le Soleil a de son cours 15 jours 5 heures 48 minutes, & se trouve à 12 minutes au dessous de l'Oüest ou de l'Occident. A 5 heures 48 minutes du soir basse mer. B
15. j.		Le Soleil a de son cours depuis qu'il a commencé le mois 15 jours 12 heures, & se trouve au meridien Nord, opposé à celuy du Sud. A 12 heures de nuit haute mer. H
15. j.	5 h	Le Soleil a de son cours 15 jours 18 heures 12 minutes, & se trouve à 12 minutes au dessus de l'Est, ou Orient. A 6 heures 12 minutes du matin basse mer. B
15. J.	12 h	Le Soleil a de son cours 16 jours 24 minutes, & passe de 24 minutes le meridien Sud 90ᵐᵉ degré. A 12 heures 24 minutes aprés midy haute mer. H
15. J.	18 h	Le Soleil a de son cours 16 jours 6 heures 36 minutes, & se trouve à 9 minutes au dessous de l'Oüest ¼ de Nord-Oüest. A 6 heures 36 minutes du soir basse mer. B

16. J.		Le Soleil a de fon cours 16 jours 12 heures 48 minutes, & paſſe de trois minutes le Nord $\frac{1}{4}$ de Nord-Eſt. A 12 heures 48 minutes aprés minuit haute mer. H
16. J.	6 h	Le Soleil a de fon cours 16 jours 19 heures, & paſſe de 15 minutes l'Eſt $\frac{1}{4}$ de Sud Eſt. A 7 heures du matin baſſe mer. B
16. J.	12 h	Le Soleil a de fon cours 17 jours 1 heure 12 min. & ſe trouve à 18 minutes au deſſous du Sud Sud-Oüeſt. A 1 heure 12 minutes aprés midy haute mer. H
16. I.	18 h	Le Soleil a de fon cours 17 jours 7 heures 24 minutes, & ſe trouve à 6 minutes au deſſous de l'Oüeſt Nord-Oüeſt. A 7 heures 24 minutes du ſoir baſſe mer. B
17. I.		Le Soleil a de fon cours 17 jours 13 heures 36 minutes, & paſſe de 6 minutes le Nord Nord-Eſt. A 1 heure 36 minutes aprés minuit haute mer. H
17. I.	6 h	Le Soleil a de fon cours 17 jours 19 heures 48 minutes, & paſſe de 18 minutes l'Eſt Sud-Eſt. A 7 heures 48 minutes du matin baſſe mer. B
17. I.	12 h	Le Soleil a de fon cours 18 jours 2 heures, & ſe trouve à 15 minutes au deſſous du Sud-Oueſt $\frac{1}{4}$ de Sud. A 2 heures aprés midy haute mer. H
17. I.	18 h	Le Soleil a de fon cours 18 jours 8 heures 12 minutes, & ſe trouve à 3 minutes au deſſous du Nord-Oueſt $\frac{1}{4}$ de Oueſt. A 8 heures 12 minutes du ſoir baſſe mer. B
18. I.		Le Soleil a de fon cours 18 jours 14 heures 24 minutes, & paſſe de 9 minutes le Nord-Eſt $\frac{1}{4}$ de Nord. A 2 heure 24 minutes aprés minuit haute mer. H

18. I.	6 h	Le Soleil a de son cours 18 jours 20 heures 36 minutes, & passe de 21 minutes le Sud-Est $\frac{1}{4}$ de Est. A 8 heures 36 minutes du matin basse mer.	B
18. I.	12 h	Le Soleil a de son cours 19 jours 2 heures 48 minutes, & se trouve à 12 minutes au dessous du Sud-Ouest. A 2 heures 48 minutes aprés midy haute mer.	H
18. I.	18 h	Le Soleil a de son cours 19 jours 9 heures, & se trouve au meridien Nord-Ouest. A 9 heures du soir basse mer.	B
19. I.		Le Soleil a de son cours 19 jours 15 heures 12 minutes, & se trouve à 12 minutes au dessus du Nord-Est. A 3 heures 12 minutes aprés minuit haute mer.	H
19. I.	6 h	Le Soleil a de son cours 19 jours 21 heures 24 minutes, & se trouve à 21 minutes au dessous du Sud-Est $\frac{1}{4}$ de Sud. A 9 heures 24 minutes du matin basse mer.	B
19. I.	12 h	Le Soleil a de son cours 20 jours 3 heures 36 minutes, & se trouve à 9 minutes au dessous du Sud-Ouest $\frac{1}{4}$ de Ouest. A 3 heures 36 minutes aprés midy haute mer.	H
19. I.	18 h	Le Soleil a de son cours 20 jours 9 heures 48 minutes, & se trouve à 3 minutes au dessus du Nord-Ouest $\frac{1}{4}$ de Nord. A 9 heures 48 minutes du soir basse mer.	B
20. I.		Le Soleil a de son cours 20 jours 16 heures 12 minutes, & se trouve à 15 minutes au dessus du Nord-Est $\frac{1}{4}$ de st A 4 heures du matin haute mer.	H

20. I.	6	h	Le Soleil a de son cours 20 jours 22 heures 12 minutes, & se trouve à 18 minutes au dessous du Sud Sud-Est. A 10 heures 12 minutes du matin basse mer. B
20. I.	12	h	Le Soleil a de son cours 21 jour 4 heures 24 minutes, & se trouve à 6 minutes au dessous de l'Ouest Sud-Ouest. A 4 heures 24 minutes aprés midy haute-mer. H
20. I.	18	h	Le Soleil a de son cours 21 jour 10 heures 36 minutes, & passe de 6 minutes le Nord Nord-Ouest. A 10 heures 36 minutes du soir basse mer. B
21. I.			Le Soleil a de son cours 21 jour 16 heures 48 minutes, & passe de 18 minutes l'Est Nord-Est. A 4 heures 48 minutes aprés minuit haute mer. H
21. I.	6	h	Le Soleil a de son cours 21 jour 23 heures, & se trouve à 15 minutes au dessous du Sud ¼ de Sud-Est. A 11 heures du matin basse mer. B
21. I.	12	h	Le Soleil a de son cours 22 jours 5 heures 12 minutes, & se trouve à 3 minutes au dessous de l'Ouest ¼ de Sud-Ouest. A 5 heures 12 minutes du soir haute mer. H
21. I.	18	h	Le Soleil a de son cours 22 jours 11 heures 24 minutes, & se trouve à 9 minutes au dessus du Nord ¼ de Nord-Ouest. A 11 heures 24 minutes du soir basse mer. B
22 I			Le Soleil a de son cours 22 jours 17 heures 36 minutes, & passe de 21 minutes l'Est ¼ de Nord-Est. A 5 heures 36 minutes du matin haute-mer. H
22. I.	6	h	Le Soleil a de son cours 22 jours 23 heures 48 minutes, & se trouve à 12 minutes au dessous du Sud. A 11 heures 48 minutes du matin basse mer. B

22. I. | 12 h   Le

22. J.	12 h.	Le Soleil a de fon cours 23 jours 6 heures, & fe trouve au meridien Oüeft ou Occident. A 6 heures du foir haute mer. H
22. J.	18 h.	Le Soleil a de fon cours 23 jours 12 heures 12 minutes, & paffe de 12 minutes le Nord. A 12 heures 12 minutes aprés minuit baffe mer. B
23. J.		Le Soleil a de fon cours 23 jours 18 heures 24 minutes, & fe trouve à 21 minutes au deffous de l'Eft ¼ de Sud-Eft. A 6 heures 24 minutes du matin haute mer. H
23. J.	6 h.	Le Soleil a de fon cours 24 jours 36 minutes, & fe trouve à 9 minutes au deffous du Sud ¼ de Sud-Eft. A 12 heures 36 minutes aprés midy baffe mer. B
23. J.	12 h.	Le Soleil a de fon cours 24 jours 6 heures 48 minutes, & paffe de 3 minutes l'Oüeft ¼ de Nord-Oüeft. A 6 heures 48 minutes du foir haute mer. H
23. J.	18 h.	Le Soleil a de fon cours 24 jours 13 heures, & paffe de 15 minutes le Nord ¼ de Nord-Eft. A 1 heure aprés minuit baffe mer. B
24. J.		Le Soleil a de fon cours 24 jours 19 heures 12 minutes, & fe trouve à 18 minutes au deffous de l'Eft Sud-Eft. A 7 heures 12 minutes du matin haute mer. H
24. J.	6 h.	Le Soleil a de fon cours 25 jours 1 heure 24 minutes, & fe trouve à 6 minutes au deffous du Sud Sud-Oüeft. A 1 heure 24 minutes aprés midy baffe mer. B
24. J.	12 h.	Le Soleil a de fon cours 25 jours 7 heures 36 minutes, & paffe de 6 minutes l'Oüeft Nord-Oüeft. A 7 heures 36 minutes du foir haute mer. H

24. J.	18 h.	Le Soleil a de ſon cours 25 jours 13 heures 48 minutes, & paſſe de 18 minutes le Nord Nord-Eſt. A 1 heure 48 minutes aprés minuit baſſe mer. **B**
25. J.		Le Soleil a de ſon cours 25 jours 20 heures, & ſe trouve à 15 minutes au deſſous du Sud-Eſt $\frac{1}{4}$ de Eſt. A 8 heures du matin haute mer. **H**
25. J.	6 h.	Le Soleil a de ſon cours 26 jours 2 heures 12 minutes, & ſe trouve à 3 minutes au deſſous du Sud Oüeſt $\frac{1}{4}$ de Sud. A 2 heures 12 minutes aprés midy baſſe mer. **B**
25. J.	12 h.	Le Soleil a de ſon cours 26 jours 8 heures 24 minutes, & paſſe de 9 minutes le Nord-Oueſt $\frac{1}{4}$ de Oüeſt. A 8 heures 24 minutes du ſoir haute mer. **H**
25. J.	18 h.	Le Soleil a de ſon cours 26 jours 14 heures 36 minutes, & paſſe de 21 minutes le Nord-Eſt $\frac{1}{4}$ de Nord. A 2 heures 36 minutes aprés minuit baſſe mer. **B**
26. J.		Le Soleil a de ſon cours 26 jours 21 heures 48 mites, & ſe trouve à 12 minutes au deſſous du Sud-Eſt. A 8 heures 48 minutes du matin haute mer. **H**
26. J.	6 h.	Le Soleil a de ſon cours 27 jours 3 heures, & ſe trouve au Sud-Oüeſt. A 3 heures aprés midy baſſe mer. **B**
26. J.	12 h.	Le Soleil a de ſon cours 27 jours 9 heures 12 minutes, & ſe trouve à 12 minutes au deſſus du Nord-Oüeſt. A 9 heures 12 minutes du ſoir haute mer. **H**
26. J.	18 h.	Le Soleil a de ſon cours 27 jours 15 heures 24 minutes, & ſe trouve à 21 minutes au deſſous du Nord-Eſt $\frac{1}{4}$ de Eſt. A 3 heures 24 minutes aprés midy baſſe mer. **B**

27. I.		Le Soleil a de son cours 27 jours 21 heure 36 minutes, & se trouve à 9 minutes au dessous du Sud-Est $\frac{1}{4}$ de Sud A 9 heures 36 minutes du matin haute mer. H
27. I.	6 h.	Le Soleil a de son cours 28 jours 3 heures 48 minutes, & se trouve à 3 minutes au dessus du Sud-Oüest $\frac{1}{4}$ de Ouest. A 3 heures 48 minutes aprés midy basse mer. B
27. I.	12 h	Le Soleil a de son cours 28 jours 10 heures, & se trouve à 15 minutes au dessus du Sud-Oüest $\frac{1}{4}$ de Ouest. A 10 heures du soir haute mer. H
27. I.	18 h.	Le Soleil a de son cours 28 jours 16 heures 12 minutes, & se trouve à 18 minutes au dessous de l'Est Nord-Est. A 4 heures 12 minutes du matin basse mer. B
28. I.		Le Soleil a de son cours 28 jours 22 heures 24 minutes, & se trouve à 6 minutes au dessous du Sud Sud-Est. A 10 heures 24 minutes du matin haute mer. H
28. I.	6 h.	Le Soleil a de son cours 29 jours 4 heures 30 minutes, & se trouve à 6 minutes au dessus de l'Ouest Sud-Ouest. A 4 heures 36 minutes aprés midy basse mer. B
28. J.	12 h.	Le Soleil a de son cours 29 jours 10 heures 48 minutes, & se trouve à 18 minutes au dessus du Nord Nord-Est. A 10 heures 48 minutes du soir haute mer. H
28. I.	18 h.	Le Soleil a de son cours 29 jours 17 heures, & se trouve à 15 minutes au dessous de l'Est $\frac{1}{4}$ de Nord-Est. A 5 heures du matin basse mer. B

29. J.		Le Soleil a de ſon cours 29 jours 23 heures 12 minutes, & ſe trouve à 3 minutes au deſſus du Sud $\frac{1}{4}$ de Sud-Eſt. A 11 heures 12 minutes du matin haute mer. H
29. J.	6 h.	Le Soleil a de ſon cours 30 jours 5 heures 24 minutes, & ſe trouve à 9 minutes au deſſous de l'Oüeſt $\frac{1}{4}$ de Sud-Oüeſt. A 5 heures 24 minutes du ſoir baſſe mer. B
29. J.	12 h.	Le Soleil a de ſon cours 30 jours 11 heures 36 minutes, & ſe trouve à 21 minutes au deſſus du Nord $\frac{1}{4}$ de Nord-Oüeſt. A 11 heures 36 minutes du ſoir haute mer. H
29. J.	18 h.	Le Soleil a de ſon cours 30 jours 17 heures 48 minutes, & ſe trouve à 12 minutes au deſſous de l'Eſt ou Orient. A 5 heures 48 minutes du matin baſſe mer. B
30. I.		Le Soleil a de ſon cours depuis qu'il a commencé le mois, 30 jours 24 heures ; ou 31 jour, & ſe trouve au 90me degré Sud. A 12 heures de jour haute mer. H

Aux Iſles de Intlande devant le Hever.
Eyder & Elve.
A Embden & Delf-ſile.
Devant Enckhuyſen.
Horne & Urck.
En la côte de Flandre.
En la Voorlande.
A Douver dans le Pier.
Au rivage de Bevechier.
A Hauton, au Aquay.
Devant Suenbourg, & le Canal de Blanchert.

A Olfernes, au Candaet.
A Iubleter ſur la rade.
Roüen; Somme; Hautone; Londay; Dunkerque; Nieuport; Oſtende & Douvre.

Sud⅟₄ de Sud Oüeſt & Nord⅟₄ de Nord-Eſt à 12 h. 45 min.

		0	A 12 heures 45 minutes aprés midy haute mer.	H
		6 h	A 6 heures 57 minutes du ſoir baſſe mer.	B
		12 h	A 1 heure 9 minutes aprés minuit haute mer.	H
		18 h	A 7 heures 21 minutes du matin baſſe mer.	B
1.	I.		A 1 heure 33 minutes aprés midy haute mer.	H
1.	I.	6 h	A 7 heures 45 minutes du ſoir baſſe mer.	B
1	I.	12 h	A 1 heure 57 minutes aprés minuit haute mer.	H
1.	I.	18 h	A 8 heures 9 minutes du matin baſſe mer.	B
2.	I.		A 2 heures 21 minutes aprés midy haute mer.	H
2.	I.	6 h	A 8 heures 33 minutes du ſoir baſſe mer.	B
2.	I.	12 h	A 2 heures 45 minutes aprés minuit haute mer.	H
2.	I.	18 h	A 8 heures 57 minutes du matin baſſe mer.	B
3.	I.		A 3 heures 9 minutes aprés midy haute mer.	H
3.	I.	6 h	A 9 heures 21 minutes du ſoir baſſe mer.	B
3.	I.	12 h	A 3 heures 33 minutes aprés minuit haute mer.	H
3.	I.	18 h	A 9 heures 45 minutes du matin baſſe mer.	B
4.	I.		A 3 heures 57 minutes aprés midy haute mer.	H
4.	I.	6 h	A 10 heures 9 minutes du ſoir baſſe mer.	B
4.	I.	12 h	A 4 heures 21 minutes aprés minuit haute mer.	H
4	I.	18 h	A 10 heures 33 minutes du matin baſſe mer.	B
5.	I.		A 4 heures 45 minutes aprés midy haute mer.	H
5.	I.	6 h	A 10 heures 57 minutes du ſoir baſſe mer.	B
5.	I.	12 h	A 5 heures 9 minutes aprés minuit haute mer.	H
5.	I.	18 h	A 11 heures 21 minutes du matin baſſe mer.	B
6.	I.		A 5 heures 33 minutes aprés midy haute mer.	H
6.	I.	6 h	A 11 heures 45 minutes du ſoir baſſe mer.	B
6.	J.	12 h	A 5 heures 57 minutes du matin haute mer.	H
6.	J.	18 h	A 12 heures 9 minutes aprés midy baſſe mer.	B
7.	J.		A 6 heures 21 minutes du ſoir haute mer.	H
7.	J.	6 h	A 12 heures 33 minutes aprés minuit baſſe mer.	B
7.	J.	12 h	A 6 heures 45 minutes du matin haute mer.	H
7.	J.	18 h	A 12 heures 57 minutes aprés midy baſſe mer.	B

8	J		A 7 heures 9 minutes du soir haute mer.	H
8.	J	6 h	A 1 heure 21 minutes aprés minuit basse mer.	B
8.	J	12 h	A 7 heures 33 minutes du matin haute mer.	H
8.	I	18 h	A 1 heure 45 minutes aprés midy basse mer.	B
9.	J		A 7 heures 57 minutes du soir haute mer.	H
9.	I	6 h	A 2 heures 9 minutes aprés minuit basse mer.	B
9.	J	12 h	A 8 heures 21 minutes du matin haute mer.	H
9.	J	18 h	A 2 heures 33 minutes aprés midy basse mer.	B
10.	J		A 8 heures 45 minutes du soir haute mer.	H
10.	J	6 h	A 2 heures 57 minutes aprés minuit basse mer.	B
10.	J	12 h	A 9 heures 9 minutes du matin haute mer.	H
10.	I	18 h	A 3 heures 21 minutes aprés midy basse mer.	B
11.	I		A 9 heures 33 minutes du soir haute mer.	H
11.	I	6 h	A 3 heures 45 minutes aprés minuit basse mer.	B
11.	I	12 h	A 9 heures 57 minutes du matin haute mer.	H
11.	I	18 h	A 4 heures 9 minutes aprés midy basse mer.	B
12.	J		A 10 heures 21 minutes du soir haute mer.	H
12.	J	6 h	A 4 heures 33 minutes aprés minuit basse mer.	B
13.	I	12 h	A 10 heures 45 minutes du matin haute mer.	H
12.	J	18 h	A 4 heures 57 minutes aprés midy basse mer.	B
13.	J		A 11 heures 9 minutes du soir haute mer.	H
13.	J	6 h	A 5 heures 21 minutes aprés minuit basse mer.	B
13.	J	12 h	A 11 heures 33 minutes du matin haute mer.	H
13.	J	18 h	A 5 heures 45 minutes aprés midy basse mer.	B
14.	J		A 11 heures 57 minutes du soir haute mer.	H
14.	I	6 h	A 6 heures 9 minutes du matin basse mer.	B
14.	I	12 h	A 12 heures 21 minutes aprés midy haute mer.	H
14.	I	18 h	A 6 heures 33 minutes du soir basse mer.	B
15.	I		A 12 heures 45 minutes aprés minuit haute mer.	H
15.	I	6 h	A 6 heures 57 minutes du matin basse mer.	B
15.	I	12 h	A 1 heure 9 minutes aprés midy haute mer.	H
15.	I	18 h	A 7 heures 21 minutes du soir basse mer.	B
16.	I		A 1 heure 33 minutes aprés minuit haute mer.	H
16.	I	6 h	A 7 heures 45 minutes du matin basse mer.	B
16.	I	12 h	A 1 heure 57 minutes aprés midy haute mer.	H
16.	I	18 h	A 8 heures 9 minutes du soir basse mer.	B
17.	I		A 2 heures 21 minutes aprés minuit haute mer.	H
17.	I	6 h	A 8 heures 33 minutes du matin basse mer.	B

17	I	12	h	A 2 heures 45 minutes aprés midy haute mer.	H
17	I	18	h	A 8 heures 57 minutes du ſoir baſſe mer.	B
18	I			A 3 heures 9 minutes aprés minuit haute mer.	H
18	I	6	h	A 9 heures 21 minutes du matin baſſe mer.	B
18	I	12	h	A 3 heures 33 minutes aprés midy haute mer.	H
18	I	18	h	A 9 heures 45 minutes du ſoir baſſe mer.	B
19	I			A 3 heures 57 minutes aprés minuit haute mer.	H
19	I	6	h	A 10 heures 9 minutes du matin baſſe mer.	B
19	I	12	h	A 4 heures 21 minutes aprés midy haute mer.	H
19	I	18	h	A 10 heures 33 minutes du ſoir baſſe mer.	B
20	I			A 4 heures 45 minutes aprés minuit haute mer.	H
20	I	6	h	A 10 heures 57 minutes du matin baſſe mer.	B
20	I	12	h	A 5 heures 9 minutes aprés midy haute mer.	H
20	I	18	h	A 11 heures 21 minutes du ſoir baſſe mer.	B
21	I			A 5 heures 33 minutes aprés minuit haute mer.	H
21	I	6	h	A 11 heures 45 minutes du matin baſſe mer.	B
21	I	12	h	A 5 heures 57 minutes du ſoir haute mer.	H
21	I	18	h	A 12 heures 9 minutes aprés minuit baſſe mer.	B
22	I			A 6 heures 21 minutes du matin haute mer.	H
22	I	6	h	A 12 heures 33 minutes aprés midy baſſe mer.	B
22	I	12	h	A 6 heures 45 minutes du ſoir haute me.	H
22	I	18	h	A 12 heures 57 minutes aprés minuit baſſe mer.	B
23	I			A 7 heures 9 minutes du matin haute mer.	H
23	I	6	h	A 1 heure 21 minutes aprés midy baſſe mer.	B
23	I	12	h	A 7 heures 33 minutes du ſoir haute mer.	H
23	I	18	h	A 1 heure 45 minutes aprés minuit baſſe mer.	B
24	I			A 7 heures 57 minutes du matin haute mer.	H
24	I	6	h	A 2 heures 9 minutes aprés midy baſſe mer.	B
24	I	12	h	A 8 heures 21 minutes du ſoir haute mer.	H
24	I	18	h	A 2 heures 33 minutes aprés minuit baſſe mer.	B
25	I			A 8 heures 45 minutes du matin haute mer.	H
25	I	6	h	A 2 heures 57 minutes aprés midy baſſe mer.	B
25	I	12	h	A 9 heures 9 minutes du ſoir haute mer.	H
25	I	18	h	A 3 heures 21 minutes aprés minuit baſſe mer.	B
26	I			A 9 heures 33 minutes du matin haute mer.	H
26	I	6	h	A 3 heures 45 minutes aprés midy baſſe mer.	B
26	I	12	h	A 9 heures 57 minutes du ſoir haute mer.	H
26	I	18	h	A 4 heures 9 minutes aprés minuit baſſe mer.	B

27	I		A 10 heures 21 minutes du matin haute mer.	H
27	I	6 h	A 4 heures 33 minutes aprés midy baſſe mer.	B
27	I	12 h	A 10 heures 45 minutes du ſoir haute mer.	H
27	I·	18 h	A 4 heures 57 minutes aprés minuit baſſe mer.	B
28	I		A 11 heures 9 minutes du matin haute mer.	H
28	I·	6 h	A 5 heures 21 minutes aprés midy baſſe mer.	B
28	I·	12 h	A 11 heures 33 minutes du ſoir haute mer.	H
28	I·	18 h	A 5 heures 45 minutes aprés minuit baſſe mer.	B
29·	I·		A 11 heures 57 minutes du matin haute mer.	H
29·	I·	6 h	A 6 heures 9 minutes du ſoir baſſe mer.	B
29·	I·	12 h	A 12 heures 21 minutes aprés minuit haute mer.	H
29·	I·	18 h	A 6 heures 33 minutes du matin baſſe mer.	B
30·	I·		A 12 heures 45 minutes aprés midy haute mer.	H

Dedans la Meuſe.
A Campuere.
A Vleſſingue.
A la Côte de Beveſier en la mer.
Au Camer.
A Vvinckelzée.
En la mer de Garnzey.

Sud Sud-Oüeſt & Nord Nord-Eſt à 1 heure 30 minutes.

		0		A 1 heure 30 minutes aprés midy haute mer.	H
		6	h	A 7 heures 42 minutes du soir baſſe mer.	B
		12	h	A 1 heure 54 minutes aprés minuit haute mer.	H
		18	h	A 8 heures 6 minutes du matin baſſe mer.	B
1	J			A 2 heures 18 minutes aprés midy haute mer.	H
1	J	6	h	A 8 heures 30 minutes du soir baſſe mer.	B
1	J	12	h	A 2 heures 42 minutes aprés minuit haute mer.	H
1	J	18	h	A 8 heures 54 minutes du matin baſſe mer.	B
2	J			A 3 heures 6 minutes aprés midy haute mer.	H
2	J	6	h	A 9 heures 18 minutes du soir baſſe mer.	B
2	J	12	h	A 3 heures 30 minutes aprés minuit haute mer.	H
2	J	18	h	A 9 heures 42 minutes du matin baſſe mer.	B
3	J			A 3 heures 54 minutes aprés midy haute mer.	H
3	J	6	h	A 10 heures 6 minutes du soir baſſe mer.	B
3	J	12	h	A 4 heures 18 minutes aprés minuit haute mer.	H
3	J	18	h	A 10 heures 30 minutes du matin baſſe mer.	B
4	J			A 4 heures 42 minutes aprés midy haute mer.	H
4	J	6	h	A 10 heures 54 minutes du soir baſſe mer.	B
4	J	12	h	A 5 heures 6 minutes du matin haute mer.	H
4	J	18	h	A 11 heures 18 minutes du matin baſſe mer.	B
5	J			A 5 heures 30 minutes aprés midy haute mer.	H
5	J	6	h	A 11 heures 42 minutes du soir baſſe mer.	B
5	J	12	h	A 5 heures 54 minutes du matin haute mer.	H
5	J	18	h	A 12 heures 6 minutes aprés midy baſſe mer.	B
6	J			A 6 heures 18 minutes du soir haute mer.	H
6	J	6	h	A 12 heures 45 minutes du soir baſſe mer.	B
6	J	12	h	A 6 heures 42 minutes du matin haute mer.	H
6	J	18	h	A 12 heures 54 minutes aprés midy baſſe mer.	B
7	J			A 7 heures 6 minutes du soir haute mer.	H
7	J	6	h	A 1 heure 18 minutes aprés minuit baſſe mer.	B
7	J	12	h	A 7 heures 30 minutes du matin haute mer.	H
7	J	18	h	A 1 heure 42 minutes aprés midy baſſe mer.	B

M

8	I			A 7 heures 54 minutes du ſoir haute mer.	H
8	I	6	h	A 2 heures 6 minutes aprés minuit baſſe mer.	B
8	I	12	h	A 8 heures 18 minutes du matin haute mer.	H
8	I	18	h	A 2 heures 30 minutes aprés midy baſſe mer.	B
9	I			A 8 heures 42 minutes du ſoir haute mer.	H
9	I	6	h	A 2 heures 54 minutes aprés minuit baſſe mer.	B
9	I	12	h	A 9 heures 6 minutes du matin haute mer.	H
9	I	18	h	A 3 heures 18 minutes aprés midy baſſe mer.	B
10	I			A 9 heures 30 minutes du ſoir haute mer.	H
10	I	6	h	A 3 heures 42 minutes aprés minuit baſſe mer.	B
10	I	12	h	A 9 heures 54 minutes du matin haute mer.	H
10	I	18	h	A 4 heures 6 minutes aprés midy baſſe mer.	B
11	I			A 10 heures 18 minutes du ſoir haute mer.	H
11	I	6	h	A 4 heures 30 minutes aprés minuit baſſe mer.	B
11	I	12	h	A 10 heures 42 minutes du matin haute mer.	H
11	I	18	h	A 4 heures 54 minutes aprés midy baſſe mer.	B
12	I			A 11 heures 6 minutes du ſoir haute mer.	H
12	I	6	h	A 5 heures 18 minutes du matin baſſe mer.	B
12	I	12	h	A 11 heures 30 minutes du matin haute mer.	H
12	I	18	h	A 5 heures 42 minutes du ſoir baſſe mer.	B
13	I			A 11 heures 54 minutes du ſoir haute mer.	H
13	I	6	h	A 6 heures 6 minutes du matin baſſe mer.	B
13	I	12	h	A 12 heures 18 minutes aprés midy haute mer.	H
13	I	18	h	A 6 heures 30 minutes du ſoir baſſe mer.	B
14	I			A 12 heures 42 minutes aprés minuit haute mer.	H
14	I	6	h	A 6 heures 54 minutes du matin baſſe mer.	B
14	I	12	h	A 1 heure 6 minutes aprés midy haute mer.	H
14	I	18	h	A 7 heures 18 minutes du ſoir baſſe mer.	B
15	I			A 1 heure 30 minutes aprés minuit haute mer.	H
15	I	6	h	A 7 heures 42 minutes du matin baſſe mer.	B
15	I	12	h	A 1 heure 54 minutes aprés midy haute mer.	H
15	I	18	h	A 8 heures 6 minutes du ſoir baſſe mer.	B
16	I			A 2 heures 18 minutes aprés minuit haute mer.	H
16	I	6	h	A 8 heures 30 minutes du matin baſſe mer.	B
16	I	12	h	A 2 heures 42 minutes aprés midy haute mer.	H
16	I	18	h	A 8 heures 54 minutes du ſoir baſſe mer.	B
17	I			A 3 heures 6 minutes aprés minuit haute mer.	H
17	I	6	h	A 9 heures 18 minutes du matin baſſe mer.	B

17	I	12 h	A 3 heures 30 minutes aprés midy haute mer.	H
17	I	18 h	A 9 heures 42 minutes du ſoir baſſe mer.	B
18	I		A 3 heures 54 minutes aprés minuit haute mer.	H
18	I	6 h	A 10 heures 6 minutes du matin baſſe mer.	B
18	I	12 h	A 4 heures 18 minutes aprés midy haute mer.	H
18	I	18 h	A 10 heures 30 minutes du ſoir baſſe mer.	B
19	I		A 4 heures 42 minutes aprés minuit haute mer.	H
19	I	6 h	A 10 heures 54 minutes du matin baſſe mer.	B
19	I	12 h	A 5 heures 6 minutes du ſoir haute mer.	H
19	I	18 h	A 11 heures 18 minutes du ſoir baſſe mer.	B
20	I		A 5 heures 30 minutes du matin haute mer.	H
20	I	6 h	A 11 heures 42 minutes du matin baſſe mer.	B
20	I	12 h	A 5 heures 54 minutes du ſoir haute mer.	H
20	I	18 h	A 12 heures 6 minutes aprés minuit baſſe mer.	B
21	I		A 6 heures 18 minutes du matin haute mer.	H
21	I	6 h	A 12 heures 30 minutes aprés midy baſſe mer.	B
21	I	12 h	A 6 heures 42 minutes du ſoir haute mer.	H
21	I	18 h	A 12 heures 54 minutes aprés minuit baſſe mer.	B
22	I		A 7 heures 6 minutes du matin haute mer.	H
22	I	6 h	A 1 heure 18 minutes aprés midy baſſe mer.	B
22	I	12 h	A 7 heures 30 minutes du ſoir haute mer.	H
22	I	18 h	A 1 heure 42 minutes aprés minuit baſſe mer.	B
23	I		A 7 heures 54 minutes du matin haute mer.	H
23	I	6 h	A 2 heures 6 minutes aprés midy baſſe mer.	B
23	I	12 h	A 8 heures 18 minutes du ſoir haute mer.	H
23	I	18 h	A 2 heures 30 minutes aprés minuit baſſe mer.	B
24	I		A 8 heures 42 minutes du matin haute mer.	H
24	I	6 h	A 2 heures 54 minutes aprés midy baſſe mer.	B
24	I	12 h	A 9 heures 6 minutes du ſoir haute mer.	H
24	I	18 h	A 3 heures 18 minutes aprés minuit baſſe mer.	B
25	I		A 9 heures 30 minutes du matin haute mer.	H
25	I	6 h	A 3 heures 42 minutes aprés midy baſſe mer.	B
25	I	12 h	A 9 heures 54 minutes du ſoir haute mer.	H
25	I	18 h	A 4 heures 6 minutes aprés minuit baſſe mer.	B
26	I		A 10 heures 18 minutes du matin haute mer.	H
26	I	6 h	A 4 heures 30 minutes aprés midy baſſe mer.	B
26	I	12 h	A 10 heures 42 minutes du ſoir haute mer.	H
26	I	18 h	A 4 heures 54 minutes aprés minuit baſſe mer.	B

27	I		A 11 heures 6 minutes du matin haute mer.	H
27	I	6 h	A 5 heures 18 minutes aprés mïdy baffe mer.	B
27	I	12 h	A 11 heures 30 minutes du foir haute mer.	H
27	I	18 h	A 5 heures 42 minutes du matin baffe mer.	B
28	I		A 11 heures 54 minutes du matin haute mer.	H
28	I	6 h	A 6 heures 6 minutes du foir baffe mer.	B
28	I	12 h	A 12 heures 18 minutes aprés minuit haute mer.	H
28	I	18 h	A 6 heures 30 minutes du matin baffe mer.	B
29	I		A 12 heures 42 minutes aprés midy haute mer.	H
29	I	6 h	A 6 heures 54 minutes du foir baffe mer.	B
29	I	12 h	A 1 heure 6 minutes aprés minuit haute mer.	H
29	I	18 h	A 7 heures 18 minutes du matin baffe mer.	B
30	I		A 1 heure 30 minutes aprés midy haute mer.	H

Soûs Heylighe-Landt.
Devant la Meufe & Georée.
Devant le Vere.
A Armuyen fur le Ulac.
Devant Rammexens.
Devant les Vvielingues.
En la côte de Zelande.
Devant la Tamife de Londres.
Devant Armuyen.
Devant Duns fur la rade.
Tout proche du Singel.
A l'Oüeft de Vvicht.
Hors Calais & Suvartenes.
En Blavet.
A Bel-Ifle, & la Terre.

Sud Oüeſt ¼ au Sud, & Nord-Eſt ¼ au Nord à 2 h. 15. min.

		0	A 2 heures 15 minutes aprés midy haute mer.	H
		6 h	A 8 heures 27 minutes du ſoir baſſe mer.	B
		12 h	A 2 heures 39 minutes aprés minuit haute mer.	H
		18 h	A 8 heures 51 minutes du matin baſſe mer.	B
1	J		A 3 heures 3 minutes aprés midy haute mer.	H
1	J	6 h	A 9 heures 15 minutes du ſoir baſſe mer.	B
1	J	12 h	A 3 heures 27 minutes aprés minuit haute mer.	H
1	J	18 h	A 9 heures 39 minutes du matin baſſe mer.	B
2	J		A 3 heures 51 minutes aprés midy haute mer.	H
2	J	6 h	A 10 heures 3 minutes du ſoir baſſe mer.	B
2	J	12 h	A 4 heures 15 minutes aprés minuit haute mer.	H
2	J	18 h	A 10 heures 27 minutes du matin baſſe mer.	B
3	J		A 4 heures 39 minutes aprés midy haute mer.	H
3	J	6 h	A 10 heures 51 minutes du ſoir baſſe mer.	B
3	J	12 h	A 5 heures 3 minutes aprés minuit haute mer.	H
3	J	18 h	A 11 heures 15 minutes du matin baſſe mer.	B
4	J		A 5 heures 27 minutes aprés midy haute mer.	H
4	J	6 h	A 11 heures 39 minutes du ſoir baſſe mer.	B
4	J	12 h	A 5 heures 51 minutes du matin haute mer.	H
4	J	18 h	A 12 heures 3 minutes aprés midy baſſe mer.	B
5	J		A 6 heures 15 minutes du ſoir haute mer.	H
5	J	6 h	A 12 heures 27 minutes aprés minuit baſſe mer.	B
5	J	12 h	A 6 heures 39 minutes du matin haute mer.	H
5	J	18 h	A 12 heures 51 minutes aprés midy baſſe mer.	B
6	I		A 7 heures 3 minutes du ſoir haute mer.	H
6	I	6 h	A 1 heure 15 minutes aprés minuit baſſe mer.	B
6	I	12 h	A 7 heures 27 minutes du matin haute mer.	H
6	I	18 h	A 1 heure 39 minutes aprés midy baſſe mer.	B
7	I		A 7 heures 51 minutes du ſoir haute mer.	H
7	I	6 h	A 2 heures 3 minutes aprés minuit baſſe mer.	B
7	I	12 h	A 8 heures 15 minutes du matin haute mer.	H
7	I	18 h	A 2 heures 27 minutes aprés midy baſſe mer.	B

8	j		A 8 heures 39 minutes du ſoir haute mer.	H
8	j	6 h	A 2 heures 51 minutes aprés minuit baſſe mer.	B
8	j	12 h	A 9 heures 3 minutes du matin haute mer.	H
8	j	18 h	A 3 heures 15 minutes aprés midy baſſe mer.	B
9	j		A 9 heures 27 minutes du ſoir haute mer.	H
9	j	6 h	A 3 heures 39 minutes aprés minuit baſſe mer.	B
9	j	12 h	A 9 heures 51 minutes du matin haute mer.	H
9	j	18 h	A 4 heures 3 minutes aprés midy baſſe mer.	B
10	j		A 10 heures 15 minutes du ſoir haute mer.	H
10	j	6 h	A 4 heures 27 minutes aprés minuit baſſe mer.	B
10	j	12 h	A 10 heures 39 minutes du matin haute mer.	H
10	j	18 h	A 4 heures 51 minutes aprés midy baſſe mer.	B
11	j		A 11 heures 3 minutes du ſoir haute mer.	H
11	j	6 h	A 5 heures 15 minutes aprés minuit baſſe mer.	B
11	j	12 h	A 11 heures 27 minutes du matin haute mer.	H
11	j	18 h	A 5 heures 39 minutes aprés midy baſſe mer.	B
12	j		A 11 heures 51 minutes du ſoir haute mer.	H
12	j	6 h	A 6 heures 3 minutes du matin baſſe mer.	B
12	j	12 h	A 12 heures 15 minutes aprés midy haute mer.	H
12	j	18 h	A 6 heures 27 minutes du ſoir baſſe mer.	B
13	j		A 12 heures 39 minutes aprés minuit haute mer.	H
13	j	6 h	A 6 heures 51 minutes du matin baſſe mer.	B
13	j	12 h	A 1 heure 3 minutes aprés midy haute mer.	H
13	j	18 h	A 7 heures 15 minutes du ſoir baſſe mer.	B
14	j		A 1 heure 27 minutes aprés minuit haute mer.	H
14	j	6 h	A 7 heures 39 minutes du matin baſſe mer.	B
14	j	12 h	A 1 heure 51 minutes aprés midy haute mer.	H
14	j	18 h	A 8 heures 3 minutes du ſoir baſſe mer.	B
15	j		A 2 heures 15 minutes aprés minuit haute mer.	H
15	j	6 h	A 8 heures 27 minutes du matin baſſe mer.	B
15	j	12 h	A 2 heures 39 minutes aprés midy haute mer.	H
15	j	18 h	A 8 heures 51 minutes du ſoir baſſe mer.	B
16	j		A 3 heures 3 minutes aprés minuit haute mer.	H
16	j	6 h	A 9 heures 15 minutes du matin baſſe mer.	B
16	j	12 h	A 3 heures 27 minutes aprés midy haute mer.	H
16	j	18 h	A 9 heures 39 minutes du ſoir baſſe mer.	B
17	j		A 3 heures 51 minutes aprés minuit haute mer.	H
17	j	6 h	A 10 heures 3 minutes du matin baſſe mer.	B

17	j	12	h	A 4 heures 15 minutes aprés midy haute mer.	H
17	j	18	h	A 10 heures 27 minutes du soir basse mer.	B
18	j			A 4 heures 39 minutes aprés minuit haute mer.	H
18	j	6	h	A 10 heures 51 minutes du matin basse mer.	B
18	j	12	h	A 5 heures 3 minutes aprés midy haute mer.	H
18	j	18	h	A 11 heures 15 minutes du soir basse mer.	B
19	j			A 5 heures 27 minutes aprés minuit haute mer.	H
19	j	6	h	A 11 heures 39 minutes du matin basse mer.	B
19	j	12	h	A 5 heures 51 minutes du soir haute mer.	H
19	j	18	h	A 12 heures 3 minutes aprés minuit basse mer.	B
20	j			A 6 heures 15 minutes du matin haute mer.	H
20	j	6	h	A 12 heures 27 minutes aprés midy basse mer.	B
20	j	12	h	A 6 heures 39 minutes du soir haute mer.	H
20	j	18	h	A 12 heures 51 minutes aprés minuit basse mer.	B
21	j			A 7 heures 3 minutes du matin haute mer.	H
21	j	6	h	A 1 heures 15 minutes aprés midy basse mer.	B
21	j	12	h	A 7 heures 27 minutes du soir haute mer.	H
21	j	18	h	A 1 heure 39 minutes aprés minuit basse mer.	B
22	j			A 7 heures 51 minutes du matin haute mer.	H
22	j	6	h	A 2 heures 3 minutes aprés midy basse mer.	B
22	j	12	h	A 8 heures 15 minutes du soir haute mer.	H
22	j	18	h	A 2 heures 27 minutes aprés minuit basse mer.	B
23	j			A 8 heures 39 minutes du matin haute mer.	H
23	j	6	h	A 2 heures 51 minutes aprés midy basse mer.	B
23	j	12	h	A 9 heures 3 minutes du soir haute mer.	H
23	j	18	h	A 3 heures 15 minutes aprés minuit basse mer.	B
24	j			A 9 heures 27 minutes du matin haute mer.	H
24	j	6	h	A 3 heures 39 minutes aprés midy basse mer.	B
24	j	12	h	A 9 heures 51 minutes du soir haute mer.	H
24	j	18	h	A 4 heures 3 minutes aprés minuit basse mer.	B
25	j			A 10 15 minutes du matin haute mer.	H
25	j	6	h	A 4 heures 27 minutes aprés midy basse mer.	B
25	j	12	h	A 10 heures 39 minutes du soir haute mer.	H
25	j	18	h	A 4 heures 51 minutes aprés minuit basse mer.	B
26	j			A 11 heures 3 minutes du matin haute mer.	H
26	j	6	h	A 5 heures 15 minutes aprés midy basse mer.	B
26	j	12	h	A 11 heures 27 minutes du soir haute mer.	H
26	j	18	h	A 5 heures 39 minutes aprés minuit basse mer.	B

 Sud-Oüeſt ¼ au Sud, & Nord-Eſt ¼ au Nord à 2 h. 15 min.

27	I			A 11 heures 51 minutes du matin haute mer.	H
27	I	6	h	A 6 heures 3 minutes du ſoir baſſe mer.	B
27	I	12	h	A 12 heures 15 minutes aprés minuit haute mer.	H
27	I	18	h	A 6 heures 27 minutes du matin baſſe mer.	B
28	I			A 12 heures 39 minutes aprés midy haute mer.	H
28	I	6	h	A 6 heures 51 minutes du ſoir baſſe mer.	B
28	I	12	h	A 1 heure 3 minutes aprés minuit haute mer.	H
28	I	18	h	A 7 heures 15 minutes du matin baſſe mer.	B
29	I			A 1 heure 27 minutes aprés midy haute mer.	H
29	I	6	h	A 7 heures 39 minutes du ſoir baſſe mer.	B
29	I	12	h	A 1 heure 51 minutes aprés minuit haute mer.	H
29	I	18	h	A 8 heures 3 minutes du matin baſſe mer.	B
30	I			A 2 heures 15 minutes aprés midy haute mer.	H

Hors Fontenay.
Hors Blavet.
Soûs Bel-Iſle.
Devant la Vvielingue.
Devant la Meuſe.

	0		A 3 heures aprés midy haute mer.	H
	6	h	A 9 heures 12 minutes du ſoir baſſe mer.	B
	12	h	A 3 heures 24 minutes aprés minuit haute mer.	H
	18	h	A 9 heures 36 minutes du matin baſſe mer.	B
1	J		A 3 heures 48 minutes aprés midy haute mer.	H
1	J	6	h	A 10 heures du ſoir baſſe mer.	B
1	J	12	h	A 4 heures 12 minutes aprés minuit haute mer.	H
1	J	18	h	A 10 heures 24 minutes du matin baſſe mer.	B
2	J		A 4 heures 36 minutes aprés midy haute mer.	H
2	J	6	h	A 10 heures 48 minutes du ſoir baſſe mer.	B
2	J	12	h	A 5 heures du matin haute mer.	H
2	J	18	h	A 11 heures 12 minutes du matin baſſe mer.	B
3	J		A 5 heures 24 minutes du ſoir haute mer.	H
3	J	6	h	A 11 heures 36 minutes du ſoir baſſe mer.	B
3	J	12	h	A 5 heures 48 minutes du matin haute mer.	H
3	J	18	h	A 12 heures du jour baſſe mer.	B
4	J		A 6 heures 12 minutes du ſoir haute mer.	H
4	J	6	h	A 12 heures 24 minutes aprés minuit baſſe mer.	B
4	J	12	h	A 6 heures 36 minutes du matin haute mer.	H
4	J	18	h	A 12 heures 48 minutes aprés midy baſſe mer.	B
5	J		A 7 heures du ſoir haute mer.	H
5	J	6	h	A 1 heure 12 minutes aprés minuit baſſe mer.	B
5	J	12	h	A 7 heures 24 minutes du matin haute mer.	H
5	J	18	h	A 1 heure 36 minutes aprés midy baſſe mer.	B
6	J		A 7 heures 48 minutes du ſoir haute mer.	H
6	J	6	h	A 2 heures aprés minuit baſſe mer.	B
6	J	12	h	A 8 heures 12 minutes du matin haute mer.	H
6	J	18	h	A 2 heures 24 minutes aprés midy baſſe mer.	B
7	J		A 8 heures 36 minutes du ſoir haute mer.	H
7	J	6	h	A 2 heures 48 minutes aprés minuit baſſe mer.	B
7	J	12	h	A 9 heures du matin haute mer.	H
7	J	18	h	A 3 heures 12 minutes aprés midy baſſe mer.	B

N.

Sud-Oüeft, & Nord Nord-Eft à 3 heures.

8	I		A 9 heures 24 minutes du foir haute mer.	H
8	I	6 h	A 3 heures 36 minutes aprés minuit baffe mer.	B
8	I	12 h	A 9 heures 48 minutes du matin haute mer.	H
8	I	18 h	A 4 heures aprés midy baffe mer.	B
9	I		A 10 heures 12 minutes du foir haute mer.	H
9	I	6 h	A 4 heures 24 minutes aprés minuit baffe mer.	B
9	I	12 h	A 10 heures 36 minutes du matin haute mer.	H
9	I	18 h	A 4 heures 48 minutes aprés midy baffe mer.	B
10	I		A 11 heures du foir haute mer.	H
10	I	6 h	A 5 heures 12 minutes du matin baffe mer.	B
10	I	12 h	A 11 heures 24 minutes du matin haute mer.	H
10	I	18 h	A 5 heures 36 minutes du foir baffe mer.	B
11	I		A 11 heures 48 minutes du foir haute mer.	H
11	I	6 h	A 6 heures du matin baffe mer.	B
11	I	12 h	A 12 heures 12 minutes aprés midy haute mer.	H
11	I	18 h	A 6 heures 24 minutes du foir baffe mer.	B
12	I		A 12 heures 36 minutes aprés minuit haute mer.	H
12	I	6 h	A 6 heures 48 minutes du matin baffe mer.	B
12	I	12 h	A 1 heure aprés midy haute mer.	H
12	I	18 h	A 7 heures 12 minutes du foir baffe mer.	B
13	I		A 1 heure 24 minutes aprés minuit haute mer.	H
13	I	6 h	A 7 heures 36 minutes du matin baffe mer.	B
13	I	12 h	A 1 heure 48 minutes aprés midy haute mer.	H
13	I	18 h	A 8 heures du foir baffe mer.	B
14	I		A 2 heures 12 minutes aprés minuit haute mer.	H
14	I	6 h	A 8 heures 24 minutes du matin baffe mer.	B
14	I	12 h	A 2 heures 36 minutes aprés midy haute mer.	H
14	I	18 h	A 8 heures 48 minutes du foir baffe mer.	B
15	I		A 3 heures du matin haute mer.	H
15	I	6 h	A 9 heures 12 minutes du matin baffe mer.	B
15	I	12 h	A 3 heures 24 minutes aprés midy haute mer.	H
15	I	18 h	A 9 heures 36 minutes du foir baffe mer.	B
16	I		A 3 heures 48 minutes aprés minuit haute mer.	H
16	I	6 h	A 10 heures du matin baffe mer.	B
16	I	12 h	A 4 heures 12 minutes aprés midy haute mer.	H
16	I	18 h	A 10 heures 24 minutes du foir baffe mer.	B
17	I		A 4 heures 36 minutes aprés minuit haute mer.	H
17	I	6 h	A 10 heures 48 minutes du matin baffe mer.	B

Sud-Oüeft, & Nord-Eft à 3 heures.

17	I	12 h	A 5 heures du foir haute mer.	H
17	I	18 h	A 11 heures 12 minutes du foir baffe mer.	B
18	I		A 5 heures 24 minutes du matin haute mer.	H
18	I	6 h	A 11 heures 36 minutes du matin baffe mer.	B
18	I	12 h	A 5 heures 48 minutes du foir haute mer.	H
18	I	18 h	A 12 heures de nuit baffe mer.	B
19	I		A 6 heures 12 minutes du matin haute mer.	H
19	I	6 h	A 12 heures 24 minutes aprés midy baffe mer.	B
19	I	12 h	A 6 heures 36 minutes du foir haute mer.	H
19	I	18 h	A 12 heures 48 minutes aprés minuit baffe mer.	B
20	I		A 7 heures du matin haute mer.	H
20	I	6 h	A 1 heure 12 minutes aprés midy baffe mer.	B
20	I	12 h	A 7 heures 24 minutes du foir haute mer.	H
20	I	18 h	A 1 heure 96 minutes aprés minuit baffe mer.	B
21	I		A 7 heures 48 minutes du matin haute mer.	H
21	I	6 h	A 2 heures aprés midy baffe mer.	B
21	I	12 h	A 8 heures 12 minutes du foir haute mer.	H
21	I	18 h	A 2 heures 24 minutes aprés minuit baffe mer.	B
22	I		A 8 heures 36 minutes du matin haute mer.	H
22	I	6 h	A 2 heures 48 minutes aprés midy baffe mer.	B
22	I	12 h	A 9 heures du foir haute mer.	H
22	I	18 h	A 3 heures 12 minutes aprés minuit baffe mer.	B
23	I		A 9 heures 24 minutes du matin haute mer.	H
23	I	6 h	A 3 heures 36 minutes aprés midy baffe mer.	B
23	I	12 h	A 9 heures 48 minutes du foir haute mer.	H
23	I	18 h	A 4 heures aprés minuit baffe mer.	B
24	I		A 10 heures 12 minutes du matin haute mer.	H
24	I	6 h	A 4 heures 24 minutes aprés midy baffe mer.	B
24	I	12 h	A 10 heures 36 minutes du foir haute mer.	H
24	I	18 h	A 4 heures 48 minutes aprés minuit baffe mer.	B
25	I		A 11 heures du matin haute mer.	H
25	I	6 h	A 5 heures 12 minutes du foir baffe mer.	B
25	I	12 h	A 11 heures 24 minutes du foir haute mer.	H
25	I	18 h	A 5 heures 36 minutes du matin baffe mer.	B
26	I		A 11 heures 48 minutes du matin haute mer.	H
26	I	6 h	A 6 heures du foir baffe mer.	B
26	I	12 h	A 12 heures 12 minutes aprés minuit haute mer.	H
26	I	18 h	A 6 heures 24 minutes du matin baffe mer.	B

27	I			A 12 heures 36 minutes aprés midy haute mer.	H
27	I	6	h	A 6 heures 48 minutes du ſoir baſſe mer.	B
27	I	12	h	A 1 heure aprés minuit haute mer.	H
27	I	18	h	A 7 heures 12 minutes du matin baſſe mer.	B
28	I			A 1 heures 24 minutes aprés midy haute mer.	H
28	I	6	h	A 7 heures 36 minutes du ſoir baſſe mer.	B
28	I	12	h	A 1 heure 48 minutes aprés minuit haute mer.	H
28	I	18	h	A 8 heures du matin baſſe mer.	B
29	I			A 2 heures 12 minutes aprés midy haute mer.	H
29	I	6	h	A 8 heures 24 minutes du ſoir baſſe mer.	B
29	I	12	h	A 2 heures 36 minutes aprés minuit haute mer.	H
29	I	18	h	A 8 heures 48 minutes du matin baſſe mer.	B
30	I			A 3 heures aprés midy haute mer.	H

A Amſterdam.
Rotterdam.
Dort.
Zierickzée.
Devant Neuf-Château.
Au Bay de Robb en Hooſt.
Devant la Teſe & Hartepol.
A dehors des bancs de Flandre.
Au Pas de Calais.
Devant Conquet.
Pleymarques.
Croy.
Armentiers.
Heys.
Kiliaëtes.
Portus.
La Riviere de Bordeaux.
A la côte d'Oüeſt d'Irlande.
En Hitlandt & Fayer.
Es Villes de Ville-neuve.

Vas de Sanct.
Lisbonne.
Fevos & Calis.
Anne de Bordeaux.
Pertuits d'Anthioche.
Pertuits Brethon.
Nermoutiers.
Faville & Laques.

Sud-Oüest ¼ de Oüest, & Nord-Est ¼ de Est à 3 h 45 min.

		0	A 3 heures 45 minutes aprés midy haute mer.	H
		6 h	A 9 heures 57 minutes du soir basse mer.	B
		12 h	A 4 heures 9 minutes aprés minuit haute mer.	H
		18 h	A 10 heures 21 minutes du matin basse mer.	B
1	J		A 4 heures 33 minutes aprés midy haute mer.	H
1	J	6 h	A 10 heures 45 minutes du soir basse mer.	B
1	J	12 h	A 4 heures 57 minutes aprés minuit haute mer.	H
1	J	18 h	A 11 heures 9 minutes du matin basse mer.	B
2	J		A 5 heures 21 minutes aprés midy haute mer.	H
2	J	6 h	A 11 heures 33 minutes du soir basse mer.	B
2	J	12 h	A 5 heures 45 minutes aprés minuit haute mer.	H
2	J	18 h	A 11 heures 57 minutes du matin basse mer.	B
3	J		A 6 heures 9 minutes du soir haute mer.	H
3	J	6 h	A 12 heures 21 minutes aprés minuit basse mer.	B
3	J	12 h	A 6 heures 33 minutes du matin haute mer.	H
3	J	18 h	A 12 heures 45 minutes aprés midy basse mer.	B
4	J		A 6 heures 57 minutes du soir haute mer.	H
4	J	6 h	A 1 heure 9 minutes aprés minuit basse mer.	B
4	J	12 h	A 7 heures 21 minutes du matin haute mer.	H
4	J	18 h	A 1 heure 33 minutes aprés midy basse mer.	B
5	J		A 7 heures 45 minutes du soir haute mer.	H
5	J	6 h	A 1 heure 57 minutes aprés minuit basse mer.	B
5	J	12 h	A 8 heures 9 minutes du matin haute mer.	H
5	J	18 h	A 2 heures 21 minutes aprés midy basse mer.	B
6	I		A 8 heures 33 minutes du soir haute mer.	H
6	I	6 h	A 2 heures 45 minutes aprés minuit basse mer.	B
6	I	12 h	A 8 heures 57 minutes du matin haute mer.	H
6	I	18 h	A 3 heure 9 minutes aprés midy basse mer.	B
7	I		A 9 heures 21 minutes du soir haute mer.	H
7	I	6 h	A 3 heures 33 minutes aprés minuit basse mer.	B
7	I	12 h	A 9 heures 45 minutes du matin haute mer.	H
7	I	18 h	A 3 heures 57 minutes aprés midy basse mer.	B

8	j			A 10 heures 9 minutes du soir haute mer.	H
8	j	6	h	A 4 heures 21 minutes aprés minuit baſſe mer.	B
8	j	12	h	A 10 heures 33 minutes du matin haute mer.	H
8	j	18	h	A 4 heures 45 minutes aprés midy baſſe mer.	B
9	j			A 10 heures 57 minutes du soir haute mer.	H
9	j	6	h	A 5 heures 9 minutes aprés minuit baſſe mer.	B
9	j	12	h	A 11 heures 21 minutes du matin haute mer.	H
9	j	18	h	A 5 heures 33 minutes aprés midy baſſe mer.	B
10	j			A 11 heures 45 minutes du soir haute mer.	H
10	j	6	h	A 5 heures 57 minutes du matin baſſe mer.	B
10	j	12	h	A 12 heures 9 minutes aprés midy haute mer.	H
10	j	18	h	A 6 heures 21 minutes du soir baſſe mer.	B
11	j			A 12 heures 33 minutes aprés minuit haute mer.	H
11	j	6	h	A 6 heures 45 minutes du matin baſſe mer.	B
11	j	12	h	A 12 heures 57 minutes aprés midy haute mer.	H
11	j	18	h	A 7 heures 9 minutes du soir baſſe mer.	B
12	j			A 1 heure 21 minutes aprés minuit haute mer.	H
12	j	6	h	A 7 heures 33 minutes du matin baſſe mer.	B
12	j	12	h	A 1 heure 45 minutes aprés midy haute mer.	H
12	j	18	h	A 7 heures 57 minutes du soir baſſe mer.	B
13	j			A 2 heures 9 minutes aprés minuit haute mer.	H
13	j	6	h	A 8 heures 21 minutes du matin baſſe mer.	B
13	j	12	h	A 2 heures 33 minutes aprés midy haute mer.	H
13	j	18	h	A 8 heures 45 minutes du soir baſſe mer.	B
14	j			A 2 heures 57 minutes aprés minuit haute mer.	H
14	j	6	h	A 9 heures 9 minutes du matin baſſe mer.	B
14	j	12	h	A 3 heures 21 minutes aprés midy haute mer.	H
14	j	18	h	A 9 heures 33 minutes du soir baſſe mer.	B
15	j			A 3 heures 45 minutes aprés minuit haute mer.	H
15	j	6	h	A 9 heures 57 minutes du matin baſſe mer.	B
15	j	12	h	A 4 heures 9 minutes aprés midy haute mer.	H
15	j	18	h	A 10 heures 21 minutes du soir baſſe mer.	B
16	j			A 4 heures 33 minutes aprés minuit haute mer.	H
16	j	6	h	A 10 heures 45 minutes du matin baſſe mer.	B
16	j	12	h	A 4 heures 57 minutes aprés midy haute mer.	H
16	j	18	h	A 11 heures 9 minutes du soir baſſe mer.	B
17	j			A 5 heures 21 minutes aprés minuit haute mer.	H
17	j	6	h	A 11 heures 33 minutes du matin baſſe mer.	B

17	j	12	h	A 5 heures 45 minutes aprés midy haute mer.	H
17	j	18	h	A 11 heures 57 minutes du ſoir baſſe mer.	B
18	j			A 6 heures 9 minutes du matin haute mer.	H
18	j	6	h	A 12 heures 21 minutes aprés midy baſſe mer.	B
18	j	12	h	A 6 heures 33 minutes du ſoir haute mer.	H
18	j	18	h	A 12 heures 45 minutes aprés minuit baſſe mer.	B
19	j			A 6 heures 57 minutes du matin haute mer.	H
19	j	6	h	A 1 heure 9 minutes aprés midy baſſe mer.	B
19	j	12	h	A 7 heures 21 minutes du ſoir haute mer.	H
19	j	18	h	A 1 heure 33 minutes aprés minuit baſſe mer.	B
20	j			A 7 heures 45 minutes du matin haute mer.	H
20	j	6	h	A 1 heures 57 minutes aprés midy baſſe mer.	B
20	j	12	h	A 8 heures 9 minutes du ſoir haute mer.	H
20	j	18	h	A 2 heures 21 minutes aprés minuit baſſe mer.	B
21	j			A 8 heures 33 minutes du matin haute mer.	H
21	j	6	h	A 2 heures 45 minutes aprés midy baſſe mer.	B
21	j	12	h	A 8 heures 57 minutes du ſoir haute mer.	H
21	j	18	h	A 3 heure 9 minutes aprés minuit baſſe mer.	B
22	j			A 9 heures 21 minutes du matin haute mer.	H
22	j	6	h	A 3 heures 33 minutes aprés midy baſſe mer.	B
22	j	12	h	A 9 heures 45 minutes du ſoir haute mer.	H
22	j	18	h	A 3 heures 57 minutes aprés minuit baſſe mer.	B
23	j			A 10 heures 9 minutes du matin haute mer.	H
23	j	6	h	A 4 heures 21 minutes aprés midy baſſe mer.	B
23	j	12	h	A 10 heures 33 minutes du ſoir haute mer.	H
23	j	18	h	A 4 heures 45 minutes aprés minuit baſſe mer.	B
24	j			A 10 heures 57 minutes du matin haute mer.	H
24	j	6	h	A 5 heures 9 minutes aprés midy baſſe mer.	B
24	j	12	h	A 11 heures 21 minutes du ſoir haute mer.	H
24	j	18	h	A 5 heures 33 minutes aprés minuit baſſe mer.	B
25	j			A 11 henres 45 minutes du matin haute mer.	H
25	j	6	h	A 5 heures 57 minutes du ſoir baſſe mer.	B
25	j	12	h	A 12 heures 9 minutes aprés minuit haute mer.	H
25	j	18	h	A 6 heures 21 minutes aprés minuit baſſe mer.	B
26	j			A 12 heures 33 minutes aprés midy haute mer.	H
26	j	6	h	A 6 heures 45 minutes du ſoir baſſe mer.	B
26	j	12	h	A 12 heures 57 minutes aprés minuit haute mer.	H
26	j	18	h	A 7 heures 9 minutes aprés minuit baſſe mer.	B

27	I		A 1 heure 21 minutes aprés midy haute mer.	H
27	I	6 h	A 7 heures 33 minutes du ſoir baſſe mer.	B
27	I	12 h	A 1 heure 45 minutes aprés minuit haute mer.	H
27	I	18 h	A 7 heures 57 minutes du matin baſſe mer.	B
28	I		A 2 heures 9 minutes aprés midy haute mer.	H
28	I	6 h	A 8 heures 21 minutes du ſoir baſſe mer.	B
28	I	12 h	A 2 heures 33 minutes aprés minuit haute mer.	H
28	I	18 h	A 8 heures 45 minutes du matin baſſe mer.	B
29	I		A 2 heures 57 minutes aprés midy haute mer.	H
29	I	6 h	A 9 heures 9 minutes du ſoir baſſe mer.	B
29	I	12 h	A 3 heure 21 minutes aprés minuit haute mer.	H
29	I	18 h	A 9 heures 33 minutes du matin baſſe mer.	B
30	I		A 3 heures 45 minutes aprés midy haute mer.	H

Entre le Pas de Calais & la
  Meuſe.
Aux Sorlinges.
Devant le coin ſaint Mathieu.
A Briſtou & Croiſdun.
Dans le Canal entre Heyſant.
Devant le bois à ſaint Martin.
Devant la Rochelle.
Devant Broüage.
A Royan.
En la Riviere de Bordeaux.
Aux trous de la côte d'Eſpagne.
En la côte du Sud de Bretagne,
  & à l'Oüeſt d'Irlande.

Oüeſt Sud-Oüeſt, & Eſt Nord-Eſt à 4 heures 30 minutes.

		0	A 4 heures 30 minutes aprés midy haute mer.	H
		6 h	A 10 heures 42 minutes du ſoir baſſe mer.	B
		12 h	A 4 heures 54 minutes aprés minuit haute mer.	H
		18 h	A 11 heures 6 minutes du matin baſſe mer.	B
1	J		A 5 heures 18 minutes aprés midy haute mer.	H
1	J	6 h	A 11 heures 30 minutes du ſoir baſſe mer.	B
1	J	12 h	A 5 heures 42 minutes aprés minuit haute mer.	H
1	J	18 h	A 11 heures 54 minutes du matin baſſe mer.	B
2	J		A 6 heures 6 minutes aprés midy haute mer.	H
2	J	6 h	A 12 heures 18 minutes aprés minuit baſſe mer.	B
2	J	12 h	A 6 heures 30 minutes du matin haute mer.	H
2	J	18 h	A 12 heures 42 minutes aprés midy baſſe mer.	B
3	J		A 6 heures 54 minutes du ſoir haute mer.	H
3	J	6 h	A 1 heure 6 minutes aprés minuit baſſe mer.	B
3	J	12 h	A 7 heures 18 minutes du matin haute mer.	H
3	J	18 h	A 1 heure 30 minutes aprés midy baſſe mer.	B
4	J		A 7 heures 42 minutes du ſoir haute mer.	H
4	J	6 h	A 1 heure 54 minutes aprés minuit baſſe mer.	B
4	J	12 h	A 8 heures 6 minutes du matin haute mer.	H
4	J	18 h	A 2 heures 18 minutes aprés midy baſſe mer.	B
5	J		A 8 heures 30 minutes du ſoir haute mer.	H
5	J	6 h	A 2 heures 42 minutes aprés minuit baſſe mer.	B
5	J	12 h	A 8 heures 54 minutes du matin haute mer.	H
5	J	18 h	A 3 heures 6 minutes aprés midy baſſe mer.	B
6	I		A 9 heures 18 minutes du ſoir haute mer.	H
6	I	6 h	A 3 heures 30 minutes aprés minuit baſſe mer.	B
6	I	12 h	A 9 heures 42 minutes du matin haute mer.	H
6	I	18 h	A 3 heures 54 minutes aprés midy baſſe mer.	B
7	I		A 10 heures 6 minutes du ſoir haute mer.	H
7	I	6 h	A 4 heures 18 minutes aprés minuit baſſe mer.	B
7	I	12 h	A 10 heures 30 minutes du matin haute mer.	H
7	I	18 h	A 4 heures 42 minutes aprés midy baſſe mer.	B

O

8	I			A 10 heures 54 minutes du ſoir haute mer.	H
8	I	6	h	A 5 heures 6 minutes aprés minuit baſſe mer.	B
8	I	12	h	A 11 heures 18 minutes du matin haute mer.	H
8	I	18	h	A 5 heures 30 minutes aprés midy baſſe mer.	B
9	I			A 11 heures 42 minutes du ſoir haute mer.	H
9	I	6	h	A 5 heures 54 minutes du matin baſſe mer.	B
9	I	12	h	A 12 heures 6 minutes aprés midy haute mer.	H
9	I	18	h	A 6 heures 18 minutes du ſoir baſſe mer.	B
10	I			A 12 heures 30 minutes aprés minuit haute mer.	H
10	I	6	h	A 6 heures 42 minutes du matin baſſe mer.	B
10	I	12	h	A 12 heures 54 minutes aprés midy haute mer.	H
10	I	18	h	A 7 heures 6 minutes du ſoir baſſe mer.	B
11	I			A 1 heure 18 minutes aprés minuit haute mer.	H
11	I	6	h	A 7 heures 30 minutes du matin baſſe mer.	B
11	I	12	h	A 1 heure 42 minutes aprés midy haute mer.	H
11	I	18	h	A 7 heures 54 minutes du ſoir baſſe mer.	B
12	I			A 2 heures 6 minutes aprés minuit haute mer.	H
12	I	6	h	A 8 heures 18 minutes du matin baſſe mer.	B
12	I	12	h	A 2 heures 30 minutes aprés midy haute mer.	H
12	I	18	h	A 8 heures 42 minutes du ſoir baſſe mer.	B
13	I			A 2 heures 54 minutes aprés minuit haute mer.	H
13	I	6	h	A 9 heures 6 minutes du matin baſſe mer.	B
13	I	12	h	A 3 heures 18 minutes aprés midy haute mer.	H
13	I	18	h	A 9 heures 30 minutes du ſoir baſſe mer.	B
14	I			A 3 heures 42 minutes aprés minuit haute mer.	H
14	I	6	h	A 9 heures 54 minutes du matin baſſe mer.	B
14	I	12	h	A 4 heures 6 minutes aprés midy haute mer.	H
14	I	18	h	A 10 heures 18 minutes du ſoir baſſe mer.	B
15	I			A 4 heures 30 minutes aprés minuit haute mer.	H
15	I	6	h	A 10 heures 42 minutes du matin baſſe mer.	B
15	I	12	h	A 4 heures 54 minutes aprés midy haute mer.	H
15	I	18	h	A 11 heures 6 minutes du ſoir baſſe mer.	B
16	I			A 5 heures 18 minutes aprés minuit haute mer.	H
16	I	6	h	A 11 heures 30 minutes du matin baſſe mer.	B
16	I	12	h	A 5 heures 42 minutes aprés midy haute mer.	H
16	I	18	h	A 11 heures 54 minutes du ſoir baſſe mer.	B
17	I			A 6 heures 6 minutes du matin haute mer.	H
17	I	6	h	A 12 heures 18 minutes aprés midy baſſe mer.	B

17	J	12	h	A 6 heures 30 minutes du foir haute mer.	H
17	I	18	h	A 12 heures 42 minutes aprés minuit baffe mer.	B
18	I			A 6 heures 54 minutes du matin haute mer.	H
18	I	6	h	A 1 heure 6 minutes aprés midy baffe mer.	B
18	I	12	h	A 7 heures 18 minutes du foir haute mer.	H
18	I	18	h	A 1 heure 30 minutes aprés minuit baffe mer.	B
19	I			A 7 heures 42 minutes du matin haute mer.	H
19	I	6	h	A 1 heure 54 minutes aprés midy baffe mer.	B
19	I	12	h	A 8 heures 6 minutes du foir haute mer.	H
19	I	18	h	A 2 heures 18 minutes aprés minuit baffe mer.	B
20	I			A 8 heures 30 minutes du matin haute mer.	H
20	I	6	h	A 2 heures 42 minutes aprés midy baffe mer.	B
20	I	12	h	A 8 heures 54 minutes du foir haute mer.	H
20	I	18	h	A 3 heure 6 minutes aprés minuit baffe mer.	B
21	I			A 9 heures 18 minutes du matin haute mer.	H
21	I	6	h	A 3 heures 30 minutes aprés midy baffe mer.	B
21	I	12	h	A 9 heures 42 minutes du foir haute mer.	H
21	I	18	h	A 3 heures 54 minutes aprés minuit baffe mer.	B
22	I			A 10 heures 6 minutes du matin haute mer.	H
22	I	6	h	A 4 heures 18 minutes aprés midy baffe mer.	B
22	I	12	h	A 10 heures 30 minutes du foir haute mer.	H
22	I	18	h	A 4 heures 42 minutes aprés minuit baffe mer.	B
23	I			A 10 heures 54 minutes du matin haute mer.	H
23	I	6	h	A 5 heures 6 minutes aprés midy baffe mer.	B
23	I	12	h	A 11 heures 18 minutes du foir haute mer.	H
23	I	18	h	A 5 heures 30 minutes aprés minuit baffe mer.	B
24	I			A 11 heures 42 minutes du matin haute mer.	H
24	I	6	h	A 5 heures 54 minutes du foir baffe mer.	B
24	I	12	h	A 12 heures 6 minutes aprés minuit haute mer.	H
24	I	18	h	A 6 heures 18 minutes du matin baffe mer.	B
25	I			A 12 heures 30 minutes aprés midy haute mer.	H
25	I	6	h	A 6 heures 42 minutes du foir baffe mer.	B
25	I	12	h	A 12 heures 54 minutes aprés minuit haute mer.	H
25	I	18	h	A 7 heures 6 minutes du matin baffe mer.	B
26	I			A 1 heure 18 minutes aprés midy haute mer.	H
26	I	6	h	A 7 heures 30 minutes du foir baffe mer.	B
26	I	12	h	A 1 heure 42 minutes aprés minuit haute mer.	H
26	I	18	h	A 7 heures 54 minutes du matin baffe mer.	B

27	I		A 2 heures 6 minutes aprés midy haute mer.	H
27	I	6 h	A 8 heures 18 minutes du soir baſſe mer.	B
27	I	12 h	A 2 heures 30 minutes aprés minuit haute mer.	H
27	I	18 h	A 8 heures 42 minutes du matin baſſe mer.	B
28	I		A 2 heures 54 minutes aprés midy haute mer.	H
28	I	6 h	A 9 heures 6 minutes du soir baſſe mer.	B
28	I	12 h	A 3 heure 18 minutes aprés minuit haute mer.	H
28	I	18 h	A 9 heures 30 minutes du matin baſſe mer.	B
29	I		A 3 heures 42 minutes aprés midy haute mer.	H
29	I	6 h	A 9 heures 54 minutes du soir baſſe mer.	B
29	I	12 h	A 4 heures 6 minutes aprés minuit haute mer.	H
29	I	18 h	A 10 heures 18 minutes du matin baſſe mer.	B
30	I		A 4 heures 30 minutes aprés midy haute mer.	H

Depuis le Texel jusques au Pas
  de Calais en la route.
Devant le Hommer.
Devant Flamberge & Schere-
  burgh.
A Obeuracq.
Enfalmouth.
Dans le Musenhol.
Aux sept Isles.
A saint Paul hors du Havre.
Entre Garnzey & sept Isles en
  mer.
Au Bresont, hors du Four.
Aux côtes du Sud d'Irlande;
  comme à Kinsaël.
Gor.
Iochus.
Vvaterfoort & le Cap de Claro.

Oüeſt ¼ de Sud-Oüeſt, & Eſt ¼ de Nord-Eſt à 5 h 15 minutes.

		0	A 5 heures 15 minutes du ſoir haute mer.	H
		6 h	A 11 heures 27 minutes du ſoir baſſe mer.	B
		12 h	A 5 heures 39 minutes du matin haute mer.	H
		18 h	A 11 heures 51 minutes du matin baſſe mer.	B
1	J		A 6 heures 3 minutes du ſoir haute mer.	H
1	J	6 h	A 12 heures 15 minutes aprés minuit baſſe mer.	B
1	J	12 h	A 6 heures 27 minutes du matin haute mer.	H
1	J	18 h	A 12 heures 39 minutes aprés midy baſſe mer.	B
2	J		A 6 heures 51 minutes du ſoir haute mer.	H
2	J	6 h	A 1 heure 3 minutes aprés minuit baſſe mer.	B
2	J	12 h	A 7 heures 15 minutes du matin haute mer.	H
2	J	18 h	A 1 heures 27 minutes aprés midy baſſe mer.	B
3	J		A 7 heures 39 minutes du ſoir haute mer.	H
3	J	6 h	A 1 heure 51 minutes aprés minuit baſſe mer.	B
3	J	12 h	A 8 heures 3 minutes du matin haute mer.	H
3	J	18 h	A 2 heures 15 minutes aprés midy baſſe mer.	B
4	J		A 8 heures 27 minutes du ſoir haute mer.	H
4	J	6 h	A 2 heures 39 minutes aprés minuit baſſe mer.	B
4	J	12 h	A 8 heures 51 minutes du matin haute mer.	H
4	J	18 h	A 3 heures 3 minutes aprés midy baſſe mer.	B
5	J		A 9 heures 15 minutes du ſoir haute mer.	H
5	J	6 h	A 3 heures 27 minutes aprés minuit baſſe mer.	B
5	J	12 h	A 9 heures 39 minutes du matin haute mer.	H
5	J	18 h	A 3 heure 51 minutes aprés midy baſſe mer.	B
6	J		A 10 heures 3 minutes du ſoir haute mer.	H
6	J	6 h	A 4 heures 15 minutes aprés minuit baſſe mer.	B
6	J	12 h	A 10 heures 27 minutes du matin haute mer.	H
6	J	18 h	A 4 heures 39 minutes aprés midy baſſe mer.	B
7	J		A 10 heures 51 minutes du ſoir haute mer.	H
7	J	6 h	A 5 heures 3 minutes du matin baſſe mer.	B
7	J	12 h	A 11 heures 15 minutes du matin haute mer.	H
7	J	18 h	A 5 heures 27 minutes aprés midy baſſe mer.	B

8	j			A 11 heures 39 minutes du ſoir haute mer.	H
8	j	6	h	A 5 heures 51 minutes du matin baſſe mer.	B
8	j	12	h	A 12 heures 3 minutes aprés midy haute mer.	H
8	j	18	h	A 6 heures 15 minutes du ſoir baſſe mer.	B
9	j			A 12 heures 27 minutes aprés minuit haute mer.	H
9	j	6	h	A 6 heures 39 minutes du matin baſſe mer.	B
9	j	12	h	A 12 heures 51 minutes aprés midy haute mer.	H
9	j	18	h	A 7 heures 3 minutes du ſoir baſſe mer.	B
10	j			A 1 heure 15 minutes aprés minuit haute mer.	H
10	j	6	h	A 7 heures 27 minutes du matin baſſe mer.	B
10	j	12	h	A 1 heure 39 minutes aprés midy haute mer.	H
10	j	18	h	A 7 heures 51 minutes du ſoir baſſe mer.	B
11	j			A 2 heures 3 minutes aprés minuit haute mer.	H
11	j	6	h	A 8 heures 15 minutes du matin baſſe mer.	B
11	j	12	h	A 2 heures 27 minutes aprés midy haute mer.	H
11	j	18	h	A 8 heures 39 minutes du ſoir baſſe mer.	B
12	j			A 2 heures 51 minutes aprés minuit haute mer.	H
12	j	6	h	A 9 heures 3 minutes du matin baſſe mer.	B
12	j	12	h	A 3 heures 15 minutes aprés midy haute mer.	H
12	j	18	h	A 9 heures 27 minutes du ſoir baſſe mer.	B
13	j			A 3 heures 39 minutes aprés minuit haute mer.	H
13	j	6	h	A 9 heures 51 minutes du matin baſſe mer.	B
13	j	12	h	A 4 heures 3 minutes aprés midy haute mer.	H
13	j	18	h	A 10 heures 15 minutes du ſoir baſſe mer.	B
14	j			A 4 heures 27 minutes aprés minuit haute mer.	H
14	j	6	h	A 10 heures 39 minutes du matin baſſe mer.	B
14	j	12	h	A 4 heures 51 minutes aprés midy haute mer.	H
14	j	18	h	A 11 heures 3 minutes du ſoir baſſe mer.	B
15	j			A 5 heures 15 minutes du matin haute mer.	H
15	j	6	h	A 11 heures 27 minutes du matin baſſe mer.	B
15	j	12	h	A 5 heures 39 minutes du ſoir haute mer.	H
15	j	18	h	A 11 heures 51 minutes du ſoir baſſe mer.	B
16	j			A 6 heures 3 minutes du matin haute mer.	H
16	j	6	h	A 12 heures 15 minutes aprés midy baſſe mer.	B
16	j	12	h	A 6 heures 27 minutes du ſoir haute mer.	H
16	j	18	h	A 12 heures 39 minutes aprés minuit baſſe mer.	B
17	j			A 6 heures 51 minutes du matin haute mer.	H
17	j	6	h	A 1 heure 3 minutes aprés midy baſſe mer.	B

17	j	12	h	A 7 heures 15 minutes du soir haute mer.	H
17	j	18	h	A 1 heures 27 minutes aprés minuit basse mer.	B
18	j			A 7 heures 39 minutes du matin haute mer.	H
18	j	6	h	A 1 heure 51 minutes aprés midy basse mer.	B
18	j	12	h	A 8 heures 3 minutes du soir haute mer.	H
18	j	18	h	A 2 heures 15 minutes aprés minuit basse mer.	B
19	j			A 8 heures 27 minutes du matin haute mer.	H
19	j	6	h	A 2 heures 39 minutes aprés midy basse mer.	B
19	j	12	h	A 8 heures 51 minutes du soir haute mer.	H
19	j	18	h	A 3 heure 3 minutes aprés minuit basse mer.	B
20	j			A 9 heures 15 minutes du matin haute mer.	H
20	j	6	h	A 3 heures 27 minutes aprés midy basse mer.	B
20	j	12	h	A 9 heures 39 minutes du soir haute mer.	H
20	j	18	h	A 3 heures 51 minutes aprés minuit basse mer.	B
21	j			A 10 heures 3 minutes du matin haute mer.	H
21	j	6	h	A 4 heures 15 minutes aprés midy basse mer.	B
21	j	12	h	A 10 heures 27 minutes du soir haute mer.	H
21	j	18	h	A 4 heures 39 minutes aprés minuit basse mer.	B
22	j			A 10 heures 51 minutes du matin haute mer.	H
22	j	6	h	A 5 heures 3 minutes aprés midy basse mer.	B
22	j	12	h	A 11 heures 15 minutes du soir haute mer.	H
22	j	18	h	A 5 heures 27 minutes aprés midy basse mer.	B
23	j			A 11 heures 39 minutes du matin haute mer.	H
23	j	6	h	A 5 heures 51 minutes du soir basse mer.	B
23	j	12	h	A 12 heures 3 minutes aprés minuit haute mer.	H
23	j	18	h	A 6 heures 15 minutes du matin basse mer.	B
24	j			A 12 heures 27 minutes aprés midy haute mer.	H
24	j	6	h	A 6 heures 39 minutes du soir basse mer.	B
24	j	12	h	A 12 heures 51 minutes aprés minuit haute mer.	H
24	j	18	h	A 7 heures 3 minutes du matin basse mer.	B
25	j			A 1 heure 15 minutes aprés midy haute mer.	H
25	j	6	h	A 7 heures 27 minutes du soir basse mer.	B
25	j	12	h	A 1 heure 39 minutes aprés minuit haute mer.	H
25	j	18	h	A 7 heures 51 minutes du matin basse mer.	B
26	j			A 2 heures 3 minutes aprés midy haute mer.	H
26	j	6	h	A 8 heures 15 minutes du soir basse mer.	B
26	j	12	h	A 2 heures 27 minutes aprés minuit haute mer.	H
26	j	18	h	A 8 heures 39 minutes du matin basse mer.	B

 Oüeſt ¼ de Sud-Oueſt, & Eſt ¼ de Nord-Eſt à 5 h 15 min.

27	I		A 2 heure 51 minutes aprés midy haute mer.	H
27	I	6 h	A 9 heures 3 minutes du soir baſſe mer.	B
27	I	12 h	A 3 heure 15 minutes aprés minuit haute mer.	H
27	I	18 h	A 9 heures 27 minutes du matin baſſe mer.	B
28	I		A 3 heures 39 minutes aprés midy haute mer.	H
28	I	6 h	A 9 heures 51 minutes du soir baſſe mer.	B
28	I	12 h	A 4 heures 3 minutes aprés minuit haute mer.	H
28	I	18 h	A 10 heures 15 minutes du matin baſſe mer.	B
29	I		A 4 heures 27 minutes aprés midy haute mer.	H
29	I	6 h	A 10 heures 39 minutes du soir baſſe mer.	B
29	I	12 h	A 4 heures 51 minutes aprés minuit haute mer.	H
29	I	18 h	A 11 heures 3 minutes du matin baſſe mer.	B
30	I		A 5 heures 15 minutes du soir haute mer.	H

A Torbay & Dortmunde.
A Plemude & Foye.
En la mer de Galles.
En Valmude.
A Muylfort.
A Ramſyen.
Vvalles.
A l'opooſite de Londay.
Devant Lint en Angleterre.
Aux Havres de la côte de Sud
  d'Irlande.

Est & Oüest à 6 heures.

		o		A 6 heures du soir haute mer.	H
		6	h	A 12 heures 12 minutes aprés midy basse mer.	B
		12	h	A 6 heures 24 minutes du matin haute mer.	H
		18	h	A 12 heures 36 minutes aprés midy basse mer.	B
1	J			A 6 heures 48 minutes du soir haute mer.	H
1	J	6	h	A 1 heure aprés minuit basse mer.	B
1	J	12	h	A 7 heures 12 minutes du matin haute mer.	H
1	J	18	h	A 1 heure 24 minutes aprés midy basse mer.	B
2	J			A 7 heures 36 minutes du soir haute mer.	H
2	J	6	h	A 1 heure 48 minutes aprés minuit basse mer.	B
2	J	12	h	A 8 heures du matin haute mer.	H
2	J	18	h	A 2 heures 12 minutes aprés midy basse mer.	B
3	J			A 8 heures 24 minutes du soir haute mer.	H
3	J	6	h	A 2 heures 36 minutes aprés minuit basse mer.	B
3	J	12	h	A 8 heures 48 minutes du matin haute mer.	H
3	J	18	h	A 3 heures aprés midy basse mer.	B
4	J			A 9 heures 12 minutes du soir haute mer.	H
4	J	6	h	A 3 heures 24 minutes aprés minuit basse mer.	B
4	J	12	h	A 9 heures 36 minutes du matin haute mer.	H
4	J	18	h	A 3 heures 48 minutes aprés midy basse mer.	B
5	J			A 10 heures du soir haute mer.	H
5	J	6	h	A 4 heures 12 minutes aprés minuit basse mer.	B
5	J	12	h	A 10 heures 24 minutes du matin haute mer.	H
5	J	18	h	A 4 heures 36 minutes aprés midy basse mer.	B
6	J			A 10 heures 48 minutes du soir haute mer.	H
6	J	6	h	A 5 heures du matin basse mer.	B
6	J	12	h	A 11 heures 12 minutes du matin haute mer.	H
6	J	18	h	A 5 heures 24 minutes du soir basse mer.	B
7	J			A 11 heures 36 minutes du soir haute mer.	H
7	J	6	h	A 5 heures 48 minutes aprés minuit basse mer.	B
7	I	12	h	A 12 heures de jour haute mer.	H
7	I	18	h	A 6 heures 12 minutes du soir basse mer.	B

P

8	I			A 12 heures 24 minutes aprés minuit haute mer.	H
8	I	6	h	A 6 heures 36 minutes du matin basse mer.	B
8	I	12	h	A 12 heures 48 minutes aprés midy haute mer.	H
8	I	18	h	A 7 heures du soir basse mer.	B
9	I			A 1 heure 12 minutes aprés minuit haute mer.	H
9	I	6	h	A 7 heures 24 minutes du matin basse mer.	B
9	I	12	h	A 1 heure 36 minutes aprés midy haute mer.	H
9	I	18	h	A 7 heures 48 minutes du soir basse mer.	B
10	I			A 2 heures aprés minuit haute mer.	H
10	I	6	h	A 8 heures 12 minutes du matin basse mer.	B
10	I	12	h	A 2 heures 24 minutes aprés midy haute mer.	H
10	I	18	h	A 8 heures 36 minutes du soir basse mer.	B
11	I			A 2 heures 48 minutes aprés minuit haute mer.	H
11	I	6	h	A 9 heures du matin basse mer.	B
11	I	12	h	A 3 heures 12 minutes aprés midy haute mer.	H
11	I	18	h	A 9 heures 24 minutes du soir basse mer.	B
12	I			A 3 heures 36 minutes aprés minuit haute mer.	H
12	I	6	h	A 9 heures 48 minutes du matin basse mer.	B
12	I	12	h	A 4 heures aprés midy haute mer.	H
12	I	18	h	A 10 heures 12 minutes du soir basse mer.	B
13	I			A 4 heures 24 minutes aprés minuit haute mer.	H
13	I	6	h	A 10 heures 36 minutes du matin basse mer.	B
13	I	12	h	A 4 heures 48 minutes aprés midy haute mer.	H
13	I	18	h	A 11 heures du soir basse mer.	B
14	I			A 5 heures 12 minutes du matin haute mer.	H
14	I	6	h	A 11 heures 24 minutes du matin basse mer.	B
14	I	12	h	A 5 heures 36 minutes du soir haute mer.	H
14	I	18	h	A 11 heures 48 minutes du soir basse mer.	B
15	I			A 6 heures du matin haute mer.	H
15	I	6	h	A 12 heures 12 minutes aprés midy basse mer.	B
15	I	12	h	A 6 heures 24 minutes du soir haute mer.	H
15	I	18	h	A 12 heures 36 minutes aprés minuit basse mer.	B
16	I			A 6 heures 48 minutes du matin haute mer.	H
16	I	6	h	A 1 heure aprés midy basse mer.	B
16	I	12	h	A 7 heures 12 minutes du soir haute mer.	H
16	I	18	h	A 1 heure 24 minutes aprés minuit basse mer.	B
17	I			A 7 heures 36 minutes du matin haute mer.	H
17	I	6	h	A 1 heure 48 minutes aprés midy basse mer.	B

17	J	12 h	A 8 heures du ſoir haute mer.	H
17	I	18 h	A 2 heures 12 minutes aprés minuit baſſe mer.	B
18	I		A 8 heures 24 minutes du matin haute mer.	H
18	I	6 h	A 2 heures 36 minutes aprés midy baſſe mer.	B
18	I	12 h	A 8 heures 48 minutes du ſoir haute mer.	H
18	I	18 h	A 3 heures aprés minuit baſſe mer.	B
19	I		A 9 heures 12 minutes du matin haute mer.	H
19	I	6 h	A 3 heures 24 minutes aprés midy baſſe mer.	B
19	I	12 h	A 9 heures 36 minutes du ſoir haute mer.	H
19	I	18 h	A 3 heures 48 minutes aprés minuit baſſe mer.	B
20	I		A 10 heures du matin haute mer.	H
20	I	6 h	A 4 heures 12 minutes aprés midy baſſe mer.	B
20	I	12 h	A 10 heures 24 minutes du ſoir haute mer.	H
20	I	18 h	A 4 heures 36 minutes aprés minuit baſſe mer.	B
21	I		A 10 heures 48 minutes du matin haute mer.	H
21	I	6 h	A 5 heures du ſoir baſſe mer.	B
21	I	12 h	A 11 heures 12 minutes du ſoir haute mer.	H
21	I	18 h	A 5 heures 24 minutes du matin baſſe mer.	B
22	I		A 11 heures 36 minutes du matin haute mer.	H
22	I	6 h	A 5 heures 48 minutes du ſoir baſſe mer.	B
22	I	12 h	A 12 heures de nuit haute mer.	H
22	I	18 h	A 6 heures 12 minutes du matin baſſe mer.	B
23	I		A 12 heures 24 minutes aprés midy haute mer.	H
23	I	6 h	A 6 heures 36 minutes du ſoir baſſe mer.	B
23	I	12 h	A 12 heures 48 minutes aprés minuit haute mer.	H
23	I	18 h	A 7 heures du matin baſſe mer.	B
24	I		A 1 heure 12 minutes aprés midy haute mer.	H
24	I	6 h	A 7 heures 24 minutes du ſoir baſſe mer.	B
24	I	12 h	A 1 heure 36 minutes aprés minuit haute mer.	H
24	I	18 h	A 7 heures 48 minutes du matin baſſe mer.	B
25	I		A 2 heures aprés midy haute mer.	H
25	I	6 h	A 8 heures 12 minutes du ſoir baſſe mer.	B
25	I	12 h	A 2 heures 24 minutes aprés minuit haute mer.	H
25	I	18 h	A 8 heures 36 minutes du matin baſſe mer.	B
26	I		A 2 heures 48 minutes aprés midy haute mer.	H
26	I	6 h	A 9 heures du ſoir baſſe mer.	B
26	I	12 h	A 3 heures 12 minutes aprés minuit haute mer.	H
26	I	18 h	A 9 heures 24 minutes du matin baſſe mer.	B

27	I		A 3 heures 36 minutes aprés midy haute mer.	H
27	I	6 h	A 9 heures 48 minutes du soir basse mer.	B
27	I	12 h	A 4 heures aprés minuit haute mer.	H
27	I	18 h	A 10 heures 12 minutes du matin basse mer.	B
28	I		A 4 heures 24 minutes aprés midy haute mer.	H
28	I	6 h	A 10 heures 36 minutes du soir basse mer.	B
28	I	12 h	A 4 heures 48 minutes aprés minuit haute mer.	H
28	I	18 h	A 11 heures du matin basse mer.	B
29	I		A 5 heures 12 minutes du soir haute mer.	H
29	I	6 h	A 11 heures 24 minutes du soir basse mer.	B
29	I	12 h	A 5 heures 36 minutes du matin haute mer.	H
29	I	18 h	A 11 heures 48 minutes du matin basse mer.	B
30	I		A 6 heures du soir haute mer.	H

Devant Hambourg.
Bremen.
Devant le Mars Diep ou Texel.
A Hul.
A Blancquey & Vvela.
Devant Anvers.
Der Goës.
A Cornüaille & saint Malo.
Saint Paul au Havre.
Hors les Sorlinges.
Gernezay.
Dartemuë.
Plemuë.
Gerzay.
Larie.
A Londoye.
Granville.
Saint Brieu & Brehag.

Eſt ¼ de Sud-Eſt, & Oüeſt ¼ de Nord-Oüeſt à 6 h 45 minutes.

		o	A 6 heures 45 minutes du ſoir haute mer.	H
		6 h	A 12 heures 57 minutes aprés minuit baſſe mer.	B
		12 h	A 7 heures 9 minutes du matin haute mer.	H
		18 h	A 1 heure 21 minutes aprés midy baſſe mer.	B
1	J		A 7 heures 33 minutes du ſoir haute mer.	H
1	J	6 h	A 1 heure 45 minutes aprés minuit baſſe mer.	B
1	J	12 h	A 7 heures 57 minutes du matin haute mer.	H
1	J	18 h	A 2 heures 9 minutes aprés midy baſſe mer.	B
2	J		A 8 heures 21 minutes du ſoir haute mer.	H
2	J	6 h	A 2 heures 33 minutes aprés minuit baſſe mer.	B
2	J	12 h	A 8 heures 45 minutes du matin haute mer.	H
2	J	18 h	A 2 heures 57 minutes aprés midy baſſe mer.	B
3	J		A 9 heures 9 minutes du ſoir haute mer.	H
3	J	6 h	A 3 heures 21 minutes aprés minuit baſſe mer.	B
3	J	12 h	A 9 heures 33 minutes du matin haute mer.	H
3	J	18 h	A 3 heures 45 minutes aprés midy baſſe mer.	B
4	J		A 9 heures 57 minutes du ſoir haute mer.	H
4	J	6 h	A 4 heures 9 minutes aprés minuit baſſe mer.	B
4	J	12 h	A 10 heures 21 minutes du matin haute mer.	H
4	J	18 h	A 4 heures 33 minutes aprés midy baſſe mer.	B
5	J		A 10 heures 45 minutes du ſoir haute mer.	H
5	J	6 h	A 4 heures 57 minutes aprés minuit baſſe mer.	B
5	J	12 h	A 11 heures 9 minutes du matin haute mer.	H
5	I	18 h	A 5 heures 21 minutes aprés midy baſſe mer.	B
6	I		A 11 heures 33 minutes du ſoir haute mer.	H
6	I	6 h	A 5 heures 45 minutes aprés minuit baſſe mer.	B
6	I	12 h	A 11 heures 57 minutes du matin haute mer.	H
6	I	18 h	A 6 heures 9 minutes du ſoir baſſe mer.	B
7	I		A 12 heures 21 minutes aprés minuit haute mer.	H
7	I	6 h	A 6 heures 33 minutes du matin baſſe mer.	B
7	I	12 h	A 12 heures 45 minutes aprés midy haute mer.	H
7	I	18 h	A 6 heures 57 minutes du ſoir baſſe mer.	B

8	j		A 1 heure 9 minutes aprés minuit haute mer.	H
8	j	6 h	A 7 heures 21 minutes du matin baſſe mer.	B
8	j	12 h	A 1 heure 33 minutes aprés midy haute mer.	H
8	j	18 h	A 7 heures 45 minutes du ſoir baſſe mer.	B
9	j		A 1 heure 57 minutes aprés minuit haute mer.	H
9	j	6 h	A 8 heures 9 minutes du matin baſſe mer.	B
9	j	12 h	A 2 heures 21 minutes aprés midy haute mer.	H
9	j	18 h	A 8 heures 33 minutes du ſoir baſſe mer.	B
10	j		A 2 heure 45 minutes aprés minuit haute mer.	H
10	j	6 h	A 8 heures 57 minutes du matin baſſe mer.	B
10	j	12 h	A 3 heures 9 minutes aprés midy haute mer.	H
10	j	18 h	A 9 heures 21 minutes du ſoir baſſe mer.	B
11	j		A 3 heures 33 minutes aprés minuit haute mer.	H
11	j	6 h	A 9 heures 45 minutes du matin baſſe mer.	B
11	j	12 h	A 3 heures 57 minutes aprés minuit haute mer.	H
11	j	18 h	A 10 heures 9 minutes du ſoir baſſe mer.	B
12	j		A 4 heures 21 minutes aprés minuit haute mer.	H
12	j	6 h	A 10 heures 33 minutes du matin baſſe mer.	B
12	j	12 h	A 4 heures 45 minutes aprés midy haute mer.	H
12	j	18 h	A 10 heures 57 minutes du ſoir baſſe mer.	B
13	j		A 5 heures 9 minutes aprés minuit haute mer.	H
13	j	6 h	A 11 heures 21 minutes du matin baſſe mer.	B
13	j	12 h	A 5 heures 33 minutes aprés midy haute mer.	H
13	j	18 h	A 11 heures 45 minutes du ſoir baſſe mer.	B
14	j		A 5 heures 57 minutes du matin haute mer.	H
14	j	6 h	A 12 heures 9 minutes aprés midy baſſe mer.	B
14	j	12 h	A 6 heures 21 minutes du ſoir haute mer.	H
14	j	18 h	A 12 heures 33 minutes aprés minuit baſſe mer.	B
15	j		A 6 heures 45 minutes du matin haute mer.	H
15	j	6 h	A 12 heures 57 minutes aprés midy baſſe mer.	B
15	j	12 h	A 7 heures 9 minutes du ſoir haute mer.	H
15	j	18 h	A 1 heure 21 minutes aprés minuit baſſe mer.	B
16	j		A 7 heures 33 minutes du matin haute mer.	H
16	j	6 h	A 1 heure 45 minutes aprés midy baſſe mer.	B
16	j	12 h	A 7 heures 57 minutes du ſoir haute mer.	H
16	j	18 h	A 2 heures 9 minutes aprés minuit baſſe mer.	B
17	j		A 8 heures 21 minutes du matin haute mer.	H
17	j	6 h	A 2 heures 33 minutes aprés midy baſſe mer.	B

17	j	12	h	A 8 heures 45 minutes du foir haute mer.	H
17	j	18	h	A 2 heures 57 minutes aprés minuit baffe mer.	B
18	j			A 9 heures 9 minutes du matin haute mer.	H
18	j	6	h	A 3 heures 21 minutes aprés midy baffe mer.	B
18	j	12	h	A 9 heures 33 minutes du foir haute mer.	H
18	j	18	h	A 3 heures 45 minutes aprés minuit baffe mer.	B
19	j			A 9 heures 57 minutes du matin haute mer.	H
19	j	6	h	A 4 heures 9 minutes aprés midy baffe mer.	B
19	j	12	h	A 10 heures 21 minutes du foir haute mer.	H
19	j	18	h	A 4 heures 33 minutes aprés minuit baffe mer.	B
20	j			A 10 heures 45 minutes du matin haute mer.	H
20	j	6	h	A 4 heures 57 minutes aprés midy baffe mer.	B
20	j	12	h	A 11 heures 9 minutes du foir haute mer.	H
20	j	18	h	A 5 heures 21 minutes aprés minuit baffe mer.	B
21	j			A 11 heures 33 minutes du matin haute mer.	H
21	j	6	h	A 5 heures 45 minutes aprés midy baffe mer.	B
21	j	12	h	A 11 heures 57 minutes du foir haute mer.	H
21	j	18	h	A 6 heures 9 minutes du matin baffe mer.	B
22	j			A 12 heures 21 minutes aprés midy haute mer.	H
22	j	6	h	A 6 heures 33 minutes du foir baffe mer.	B
22	j	12	h	A 12 heures 45 minutes aprés minuit haute mer.	H
22	j	18	h	A 6 heures 57 minutes du matin baffe mer.	B
23	j			A 1 heure 9 minutes aprés midy haute mer.	H
23	j	6	h	A 7 heures 21 minutes du foir baffe mer.	B
23	j	12	h	A 1 heure 33 minutes aprés minuit haute mer.	H
23	j	18	h	A 7 heures 45 minutes du matin baffe mer.	B
24	j			A 1 heure 57 minutes aprés midy haute mer.	H
24	j	6	h	A 8 heures 9 minutes du foir baffe mer.	B
24	j	12	h	A 2 heures 21 minutes aprés minuit haute mer.	H
24	j	18	h	A 8 heures 33 minutes du matin baffe mer.	B
25	j			A 2 heures 45 minutes aprés midy haute mer.	H
25	j	6	h	A 8 heures 57 minutes du foir baffe mer.	B
25	j	12	h	A 3 heures 9 minutes aprés minuit haute mer.	H
25	j	18	h	A 9 heures 21 minutes du matin baffe mer.	B
26	j			A 3 heures 33 minutes aprés midy haute mer.	H
26	j	6	h	A 9 heures 45 minutes du foir baffe mer.	B
26	j	12	h	A 3 heures 57 minutes aprés minuit haute mer.	H
26	j	18	h	A 10 heures 9 minutes du matin baffe mer.	B

 Eſt $\frac{1}{4}$ de Sud-Oüeſt, & Oueſt $\frac{1}{4}$ de Nord-Oüeſt à 6 h 45 min.

27	I		A 4 heures 21 minutes aprés midy haute mer.	H
27	I	6 h	A 10 heures 33 minutes du ſoir baſſe mer.	B
27	I	12 h	A 4 heures 45 minutes aprés minuit haute mer.	H
27	I	18 h	A 10 heures 57 minutes du matin baſſe mer.	B
28	I		A 5 heures 9 minutes aprés midy haute mer.	H
28	I	6 h	A 11 heures 21 minutes du ſoir baſſe mer.	B
28	I	12 h	A 5 heures 33 minutes aprés minuit haute mer.	H
28	I	18 h	A 11 heures 45 minutes du matin baſſe mer.	B
29	I		A 5 heures 57 minutes du ſoir haute mer.	H
29	I	6 h	A 12 heures 9 minutes aprés minuit baſſe mer.	B
29	I	12 h	A 6 heures 21 minutes du matin haute mer.	H
29	I	18 h	A 12 heures 33 minutes aprés midy baſſe mer.	B
30	I		A 6 heures 45 minutes du ſoir haute mer.	H

Entre Foye & Valmuden au Canal.

A Briſtou au Cay.

Devant ſaint Nicolas & Podeſ-femſke.

Avvaymuden au Cay.

Eſt Sud-Eſt , & Oueſt Nord-Oueſt à 7 h. 30 minutes.

		0	A 7 heures 30 minutesdu ſoir haute mer.	H
		6 h	A 1 heure 42 minutes aprés minuit baſſe mer.	B
		12 h	A 7 heures 54 minutes du matin haute mer.	H
		18 h	A 2 heures 6 minutes aprés midy baſſe mer.	B
1	J		A 8 heures 18 minutes du ſoir haute mer.	H
1	J	6 h	A 2 heures 30 minutes aprés minuit baſſe mer.	B
1	J	12 h	A 8 heures 42 minutes du matin haute mer.	H
1	J	18 h	A 2 heures 54 minutes aprés midy baſſe mer.	B
2	J		A 9 heures 6 minutes du ſoir haute mer.	H
2	J	6 h	A 3 heures 18 minutes aprés minuit baſſe mer.	B
2	J	12 h	A 9 heures 30 minutes du matin haute mer.	H
2	J	18 h	A 3 heures 42 minutes aprés midy baſſe mer.	B
3	J		A 9 heures 54 minutes du ſoir haute mer.	H
3	J	6 h	A 4 heures 6 minutes aprés minuit baſſe mer.	B
3	J	12 h	A 10 heures 18 minutes du matin haute mer.	H
3	J	18 h	A 4 heures 30 minutes aprés midy baſſe mer.	B
4	J		A 10 heures 42 minutes du ſoir haute mer.	H
4	J	6 h	A 4 heures 54 minutes aprés minuit baſſe mer.	B
4	J	12 h	A 11 heures 6 minutes du matin haute mer.	H
4	J	18 h	A 5 heures 18 minutes aprés midy baſſe mer.	B
5	J		A 11 heures 30 minutes du ſoir haute mer.	H
5	J	6 h	A 5 heures 42 minutes du matin baſſe mer.	B
5	J	12 h	A 11 heures 54 minutes du matin haute mer.	H
5	J	18 h	A 6 heures 6 minutes du ſoir baſſe mer.	B
6	J		A 12 heures 18 minutes aprés minuit haute mer.	H
6	J	6 h	A 6 heures 30 minutes du matin baſſe mer.	B
6	J	12 h	A 12 heures 42 minutes aprés midy haute mer.	H
6	J	18 h	A 6 heures 54 minutes du ſoir baſſe mer.	B
7	J		A 1 heure 6 minutes aprés minuit haute mer.	H
7	J	6 h	A 7 heures 18 minutes du matin baſſe mer.	B
7	I	12 h	A 1 heure 30 minutes aprés midy haute mer.	H
7	I	18 h	A 7 heures 42 minutes du ſoir baſſe mer.	B

Q

8	I		A 1 heure 54 minutes aprés minuit haute mer.	H
8	I	6 h	A 8 heures 6 minutes du matin baſſe mer.	B
8	I	12 h	A 2 heures 18 minutes aprés midy haute mer.	H
8	I	18 h	A 8 heures 30 minutes du ſoir baſſe mer.	B
9	I		A 2 heures 42 minutes aprés minuit haute mer.	H
9	I	6 h	A 8 heures 54 minutes du matin baſſe mer.	B
9	I	12 h	A 3 heures 6 minutes aprés minuit haute mer.	H
9	I	18 h	A 9 heures 18 minutes du ſoir baſſe mer.	B
10	I		A 3 heures 30 minutes aprés minuit haute mer.	H
10	I	6 h	A 9 heures 42 minutes du matin baſſe mer.	B
10	I	12 h	A 3 heures 54 minutes aprés midy haute mer.	H
10	I	18 h	A 10 heures 6 minutes du ſoir baſſe mer.	B
11	I		A 4 heures 18 minutes aprés minuit haute mer.	H
11	I	6 h	A 10 heures 30 minutes du matin baſſe mer.	B
11	I	12 h	A 4 heures 42 minutes aprés midy haute mer.	H
11	I	18 h	A 10 heures 54 minutes du ſoir baſſe mer.	B
12	I		A 5 heures 6 minutes aprés minuit haute mer.	H
12	I	6 h	A 11 heures 18 minutes du matin baſſe mer.	B
12	I	12 h	A 5 heures 30 minutes aprés midy haute mer.	H
12	I	18 h	A 11 heures 42 minutes du ſoir baſſe mer.	B
13	I		A 5 heures 54 minutes du matin haute mer.	H
13	I	6 h	A 12 heures 6 minutes aprés midy baſſe mer.	B
13	I	12 h	A 6 heures 18 minutes du ſoir haute mer.	H
13	I	18 h	A 12 heures 30 minutes aprés minuit baſſe mer.	B
14	I		A 6 heures 42 minutes du matin haute mer.	H
14	I	6 h	A 12 heures 54 minutes aprés midy baſſe mer.	B
14	I	12 h	A 7 heures 6 minutes du ſoir haute mer.	H
14	I	18 h	A 1 heure 18 minutes aprés minuit baſſe mer.	B
15	I		A 7 heures 30 minutes du matin haute mer.	H
15	I	6 h	A 1 heure 42 minutes aprés midy baſſe mer.	B
15	I	12 h	A 7 heures 54 minutes du ſoir haute mer.	H
15	I	18 h	A 2 heures 6 minutes aprés minuit baſſe mer.	B
16	I		A 8 heures 18 minutes du matin haute mer.	H
16	I	6 h	A 2 heures 30 minutes aprés midy baſſe mer.	B
16	I	12 h	A 8 heures 42 minutes du ſoir haute mer.	H
16	I	18 h	A 2 heures 54 minutes aprés minuit baſſe mer.	B
17	I		A 9 heures 6 minutes du matin haute mer.	H
17	I	6 h	A 3 heures 18 minutes aprés midy baſſe mer.	B

17	I	12 h	A 9 heures 30 minutes du soir haute mer.	H
17	I	18 h	A 3 heures 42 minutes aprés minuit basse mer.	B
18	I		A 9 heures 54 minutes du matin haute mer.	H
18	I	6 h	A 4 heures 6 minutes aprés midy basse mer.	B
18	I	12 h	A 10 heures 18 minutes du soir haute mer.	H
18	I	18 h	A 4 heures 30 minutes aprés minuit basse mer.	B
19	I		A 10 heures 42 minutes du matin haute mer.	H
19	I	6 h	A 4 heures 54 minutes aprés midy basse mer.	B
19	I	12 h	A 11 heures 6 minutes du soir haute mer.	H
19	I	18 h	A 5 heures 18 minutes aprés minuit basse mer.	B
20	I		A 11 heures 30 minutes du matin haute mer.	H
20	I	6 h	A 5 heures 42 minutes aprés midy basse mer.	B
20	I	12 h	A 11 heures 54 minutes du soir haute mer.	H
20	I	18 h	A 6 heures 6 minutes du matin basse mer.	B
21	I		A 12 heures 18 minutes aprés midy haute mer.	H
21	I	6 h	A 6 heures 30 minutes du soir basse mer.	B
21	I	12 h	A 12 heures 42 minutes aprés minuit haute mer.	H
21	I	18 h	A 6 heures 54 minutes du matin basse mer.	B
22	I		A 1 heure 6 minutes aprés midy haute mer.	H
22	I	6 h	A 7 heures 18 minutes du soir basse mer.	B
22	I	12 h	A 1 heure 30 minutes aprés minuit haute mer.	H
22	I	18 h	A 7 heures 42 minutes du matin basse mer.	B
23	I		A 1 heure 54 minutes aprés midy haute mer.	H
23	I	6 h	A 8 heures 6 minutes du soir basse mer.	B
23	I	12 h	A 2 heures 18 minutes aprés minuit haute mer.	H
23	I	18 h	A 8 heures 30 minutes du matin basse mer.	B
24	I		A 2 heures 42 minutes aprés midy haute mer.	H
24	I	6 h	A 8 heures 54 minutes du soir basse mer.	B
24	I	12 h	A 3 heures 6 minutes aprés minuit haute mer.	H
24	I	18 h	A 9 heures 18 minutes du matin basse mer.	B
25	I		A 3 heures 30 minutes aprés midy haute mer.	H
25	I	6 h	A 9 heures 42 minutes du soir basse mer.	B
25	I	12 h	A 3 heures 54 minutes aprés minuit haute mer.	H
25	I	18 h	A 10 heures 6 minutes du matin basse mer.	B
26	I		A 4 heures 18 minutes aprés midy haute mer.	H
26	I	6 h	A 10 heures 30 minutes du soir basse mer.	B
26	I	12 h	A 4 heures 42 minutes aprés minuit haute mer.	H
26	I	18 h	A 10 heures 54 minutes du matin basse mer.	B

27	I		A 5 heures 6 minutes aprés midy haute mer.	H
27	I	6 h	A 11 heures 18 minutes du ſoir baſſe mer.	B
27	I	12 h	A 5 heures 30 minutes aprés minuit haute mer.	H
27	I	18 h	A 11 heures 42 minutes du matin baſſe mer.	B
28	I		A 5 heures 54 minutes aprés midy haute mer.	H
28	I	6 h	A 12 heures 6 minutes aprés minuit baſſe mer.	B
28	I	12 h	A 6 heures 18 minutes du matin haute mer.	H
28	I	18 h	A 12 heures 30 minutes aprés midy baſſe mer.	B
29	I		A 6 heures 42 minutes du ſoir haute mer.	H
29	I	6 h	A 12 heures 54 minutes aprés minuit baſſe mer.	B
29	I	12 h	A 7 heures 6 minutes du matin haute mer.	H
29	I	18 h	A 1 heure 8 minutes aprés midy baſſe mer.	B
30	I		A 7 heures 30 minutes du ſoir haute mer.	H

En Lanes auprés de Vviering.
Au Texel ſur la rade.
A Kilduyn dedans le canal au
    paſſage.
Joignant Gouſter au canal.
Entre Muysholm & Vaelmouth
    en mer.
Ioignant Pleymouth en mer.
A Lezart prés de la terre.

Sud-Eſt ¼ de Eſt, & Nord-Oüeſt ¼ de Oüeſt à 8 h. 15 minutes.

		0	A 8 heures 15 minutes du soir haute mer.	H
		6 h	A 2 heures 27 minutes aprés minuit baſſe mer.	B
		12 h	A 8 heures 39 minutes du matin haute mer.	H
		18 h	A 2 heures 51 minutes aprés midy baſſe mer.	B
1	J		A 9 heures 3 minutes du soir haute mer.	H
1	J	6 h	A 3 heures 15 minutes aprés minuit baſſe mer.	B
1	J	12 h	A 9 heures 27 minutes du matin haute mer.	H
1	J	18 h	A 3 heures 39 minutes aprés midy baſſe mer.	B
2	J		A 9 heures 51 minutes du soir haute mer.	H
2	J	6 h	A 4 heures 3 minutes aprés minuit baſſe mer.	B
2	J	12 h	A 10 heures 15 minutes du matin haute mer.	H
2	J	18 h	A 4 heures 27 minutes aprés midy baſſe mer.	B
3	J		A 10 heures 39 minutes du soir haute mer.	H
3	J	6 h	A 4 heures 51 minutes aprés minuit baſſe mer.	B
3	J	12 h	A 11 heures 3 minutes du matin haute mer.	H
3	J	18 h	A 5 heures 15 minutes aprés midy baſſe mer.	B
4	J		A 11 heures 27 minutes du soir haute mer.	H
4	J	6 h	A 5 heures 39 minutes aprés minuit baſſe mer.	B
4	J	12 h	A 11 heures 51 minutes du matin haute mer.	H
4	J	18 h	A 6 heures 3 minutes aprés midy baſſe mer.	B
5	J		A 12 heures 15 minutes aprés minuit haute mer.	H
5	J	6 h	A 6 heures 27 minutes du matin baſſe mer.	B
5	J	12 h	A 12 heures 39 minutes aprés midy haute mer.	H
5	I	18 h	A 6 heures 51 minutes du soir baſſe mer.	B
6	I		A 1 heure 3 minutes aprés minuit haute mer.	H
6	I	6 h	A 7 heures 15 minutes du matin baſſe mer.	B
6	I	12 h	A 1 heure 27 minutes aprés midy haute mer.	H
6	I	18 h	A 7 heures 39 minutes du soir baſſe mer.	B
7	I		A 1 heure 51 minutes aprés minuit haute mer.	H
7	I	6 h	A 8 heures 3 minutes du matin baſſe mer.	B
7	I	12 h	A 2 heures 15 minutes aprés midy haute mer.	H
7	I	18 h	A 8 heures 27 minutes du soir baſſe mer.	B

8	j			A 2 heures 39 minutes aprés minuit haute mer.	H
8	j	6	h	A 8 heures 51 minutes du matin baſſe mer.	B
8	j	12	h	A 3 heures 3 minutes aprés midy haute mer.	H
8	j	18	h	A 9 heures 15 minutes du ſoir baſſe mer.	B
9	j			A 3 heures 27 minutes aprés minuit haute mer.	H
9	j	6	h	A 9 heures 39 minutes du matin baſſe mer.	B
9	j	12	h	A 3 heures 51 minutes aprés midy haute mer.	H
9	j	18	h	A 10 heures 3 minutes du ſoir baſſe mer.	B
10	j			A 4 heures 15 minutes aprés minuit haute mer.	H
10	j	6	h	A 10 heures 27 minutes du matin baſſe mer.	B
10	j	12	h	A 4 heures 39 minutes aprés midy haute mer.	H
10	j	18	h	A 10 heures 51 minutes du ſoir baſſe mer.	B
11	j			A 5 heures 3 minutes aprés minuit haute mer.	H
11	j	6	h	A 11 heures 15 minutes du matin baſſe mer.	B
11	j	12	h	A 5 heures 27 minutes aprés midy haute mer.	H
11	j	18	h	A 11 heures 39 minutes du ſoir baſſe mer.	B
12	j			A 5 heures 51 minutes du matin haute mer.	H
12	j	6	h	A 12 heures 3 minutes aprés midy baſſe mer.	B
12	j	12	h	A 6 heures 15 minutes du ſoir haute mer.	H
12	j	18	h	A 12 heures 27 minutes aprés minuit baſſe mer.	B
13	j			A 6 heures 39 minutes du matin haute mer.	H
13	j	6	h	A 12 heures 51 minutes aprés midy baſſe mer.	B
13	j	12	h	A 7 heures 3 minutes du ſoir haute mer.	H
13	j	18	h	A 1 heure 15 minutes aprés minuit baſſe mer.	B
14	j			A 7 heures 27 minutes du matin haute mer.	H
14	j	6	h	A 1 heure 39 minutes aprés midy baſſe mer.	B
14	j	12	h	A 7 heures 51 minutes du ſoir haute mer.	H
14	j	18	h	A 2 heures 3 minutes aprés minuit baſſe mer.	B
15	j			A 8 heures 15 minutes du matin haute mer.	H
15	j	6	h	A 2 heures 27 minutes aprés midy baſſe mer.	B
15	j	12	h	A 8 heures 39 minutes du ſoir haute mer.	H
15	j	18	h	A 2 heures 51 minutes aprés minuit baſſe mer.	B
16	j			A 9 heures 3 minutes du matin haute mer.	H
16	j	6	h	A 3 heures 15 minutes aprés midy baſſe mer.	B
16	j	12	h	A 9 heures 29 minutes du ſoir haute mer.	H
16	j	18	h	A 3 heures 39 minutes aprés minuit baſſe mer.	B
17	j			A 9 heures 51 minutes du matin haute mer.	H
17	j	6	h	A 4 heures 3 minutes aprés midy baſſe mer.	B

17	j	12	h	A 10 heures 15 minutes du soir haute mer.	H
17	j	18	h	A 4 heures 27 minutes aprés minuit basse mer.	B
18	j			A 10 heures 39 minutes du matin haute mer.	H
18	j	6	h	A 4 heures 51 minutes aprés midy basse mer.	B
18	j	12	h	A 11 heures 3 minutes du soir haute mer	H
18	j	18	h	A 5 heures 15 minutes aprés minuit basse mer.	B
19	j			A 11 heures 27 minutes du matin haute mer.	H
19	j	6	h	A 5 heures 39 minutes aprés midy basse mer.	B
19	j	12	h	A 11 heures 51 minutes du soir haute mer.	H
19	j	18	h	A 6 heures 3 minutes du matin basse mer.	B
20	j			A 12 heures 15 minutes aprés midy haute mer.	H
20	j	6	h	A 6 heures 27 minutes du soir basse mer.	B
20	j	12	h	A 12 heures 39 minutes aprés minuit haute mer.	H
20	j	18	h	A 6 heures 51 minutes du matin basse mer.	B
21	j			A 1 heure 3 minutes aprés midy haute mer.	H
21	j	6	h	A 7 heures 15 minutes du soir basse mer.	B
21	j	12	h	A 1 heure 27 minutes aprés minuit haute mer.	H
21	j	18	h	A 7 heures 39 minutes du matin basse mer.	B
22	j			A 1 heure 51 minutes aprés midy haute mer.	H
22	j	6	h	A 8 heures 3 minutes du soir basse mer.	B
22	j	12	h	A 2 heures 15 minutes aprés minuit haute mer.	H
22	j	18	h	A 8 heures 27 minutes du matin basse mer.	B
23	j			A 2 heures 39 minutes aprés midy haute mer.	H
23	j	6	h	A 8 heures 51 minutes du soir basse mer.	B
23	j	12	h	A 3 heures 3 minutes aprés minuit haute mer.	H
23	j	18	h	A 9 heures 15 minutes du matin basse mer.	B
24	j			A 3 heures 27 minutes aprés midy haute mer.	H
24	j	6	h	A 9 heures 39 minutes du soir basse mer.	B
24	j	12	h	A 3 heures 51 minutes aprés minuit haute mer.	H
24	j	18	h	A 10 heures 3 minutes du matin basse mer.	B
25	j			A 4 heures 15 minutes aprés midy haute mer.	H
25	j	6	h	A 10 heures 27 minutes du soir basse mer.	B
25	j	12	h	A 4 heures 39 minutes aprés minuit haute mer.	H
25	j	18	h	A 10 heures 51 minutes du matin basse mer.	B
26	j			A 5 heures 3 minutes aprés midy haute mer.	H
26	j	6	h	A 11 heures 15 minutes du soir basse mer.	B
26	j	12	h	A 5 heures 27 minutes aprés minuit haute mer.	H
26	j	18	h	A 11 heures 39 minutes du matin basse mer.	B

128 *Sud-Eſt ¼ de Eſt, & Nord-Oueſt ¼ de Oüeſt à 8 h. 15 min.*

27	I		A 5 heures 51 minutes du ſoir haute mer.	H
27	I	6 h	A 12 heures 3 minutes aprés minuit baſſe mer.	B
27	I	12 h	A 6 heures 15 minutes du matin haute mer.	H
27	I	18 h	A 12 heures 27 minutes aprés midy baſſe mer.	B
28	I		A 6 heures 39 minutes du ſoir haute mer.	H
28	I	6 h	A 12 heures 51 minutes aprés minuit baſſe mer.	B
28	I	12 h	A 7 heures 3 minutes du matin haute mer.	H
28	I	18 h	A 1 heure 15 minutes aprés midy baſſe mer.	B
29	I		A 7 heures 27 minutes du ſoir haute mer.	H
29	I	6 h	A 1 heure 39 minutes aprés minuit baſſe mer.	B
29	I	12 h	A 7 heures 51 minutes du matin haute mer.	H
29	I	18 h	A 2 heures 3 minutes aprés midy baſſe mer.	B
30	I		A 8 heures 15 minutes du ſoir haute mer.	H

Hors les Quaſquets au Canal.
Ioignant Vvicht au Canal.
De Vvicht à Beveſier prés la
 terre.
En la côte à l'Oeſt de la Fort-
 lande.
Hors du Ulie.

Sud-Eſt, & Nord-Oüeſt à 9 heures.

		0	A 9 heures du ſoir haute mer.	
		6 h	A 3 heures 12 minutes aprés minuit baſſe mer.	H
		12 h	A 9 heures 24 minutes du matin haute mer.	B
		18 h	A 3 heures 36 minutes aprés midy baſſe mer.	H
1	J		A 9 heures 48 minutes du ſoir haute mer.	B
1	J	6 h	A 4 heures aprés minuit baſſe mer.	H
1	J	12 h	A 10 heures 12 minutes du matin haute mer.	B
1	J	18 h	A 4 heures 24 minutes aprés midy baſſe mer.	H
2	J		A 10 heures 36 minutes du ſoir haute mer.	B
2	J	6 h	A 4 heures 48 minutes aprés minuit baſſe mer.	H
2	J	12 h	A 11 heures du matin haute mer.	B
2	J	18 h	A 5 heures 12 minutes du ſoir baſſe mer.	H
3	J		A 11 heures 24 minutes du ſoir haute mer.	B
3	J	6 h	A 5 heures 36 minutes du matin baſſe mer.	H
3	J	12 h	A 11 heures 48 minutes du matin haute mer.	B
3	J	18 h	A 6 heures du ſoir baſſe mer.	H
4	J		A 12 heures 12 minutes aprés minuit haute mer.	B
4	J	6 h	A 6 heures 24 minutes du matin baſſe mer.	H
4	J	12 h	A 12 heures 36 minutes aprés midy haute mer.	B
4	J	18 h	A 6 heures 48 minutes du ſoir baſſe mer.	H
5	J		A 1 heure aprés minuit haute mer.	B
5	J	6 h	A 7 heures 12 minutes du matin baſſe mer.	H
5	J	12 h	A 1 heure 24 minutes aprés midy haute mer.	B
5	I	18 h	A 7 heures 36 minutes du ſoir baſſe mer.	H
6	I		A 1 heure 48 minutes aprés minuit haute mer.	B
6	I	6 h	A 8 heures du matin baſſe mer.	H
6	I	12 h	A 2 heures 12 minutes aprés midy haute mer.	B
6	I	18 h	A 8 heures 24 minutes du ſoir baſſe mer.	H
7	I		A 2 heures 36 minutes aprés minuit haute mer.	B
7	I	6 h	A 8 heures 48 minutes du matin baſſe mer.	H
7	I	12 h	A 3 heures aprés midy haute mer.	B
7	I	18 h	A 9 heures 12 minutes du ſoir baſſe mer.	H

Sud-Eſt, & Nord-Oüeſt à 9 heures.

8	I		A 3 heures 24 minutes aprés minuit haute mer.	H
8	I	6 h	A 9 heures 36 minutes du matin baſſe mer.	B
8	I	12 h	A 3 heures 48 minutes aprés midy haute mer.	H
8	I	18 h	A 10 heures du ſoir baſſe mer.	B
9	I		A 4 heures 12 minutes aprés minuit haute mer.	H
9	I	6 h	A 10 heures 24 minutes du matin baſſe mer.	B
9	I	12 h	A 4 heures 36 minutes aprés midy haute mer.	H
9	I	18 h	A 10 heures 48 minutes du ſoir baſſe mer.	B
10	I		A 5 heures du matin haute mer.	H
10	I	6 h	A 11 heures 12 minutes du matin baſſe mer.	B
10	I	12 h	A 5 heures 24 minutes du ſoir haute mer.	H
10	I	18 h	A 11 heures 36 minutes du ſoir baſſe mer.	B
11	I		A 5 heures 48 minutes du matin haute mer.	H
11	I	6 h	A 12 heures de jour baſſe mer.	B
11	I	12 h	A 6 heures 12 minutes du ſoir haute mer.	H
11	I	18 h	A 12 heures 24 minutes aprés minuit baſſe mer.	B
12	I		A 6 heures 36 minutes du matin haute mer.	H
12	I	6 h	A 12 heures 48 minutes aprés midy baſſe mer.	B
12	I	12 h	A 7 heures du ſoir haute mer.	H
12	I	18 h	A 1 heure 12 minutes aprés minuit baſſe mer.	B
13	I		A 7 heures 24 minutes du matin haute mer.	H
13	I	6 h	A 1 heure 36 minutes aprés midy baſſe mer.	B
13	I	12 h	A 7 heures 48 minutes du ſoir haute mer.	H
13	I	18 h	A 2 heures aprés minuit baſſe mer.	B
14	I		A 8 heures 12 minutes du matin haute mer.	H
14	I	6 h	A 2 heures 24 minutes aprés midy baſſe mer.	B
14	I	12 h	A 8 heures 36 minutes du ſoir haute mer.	H
14	I	18 h	A 2 heures 48 minutes aprés minuit baſſe mer.	B
15	I		A 9 heures du matin haute mer.	H
15	I	6 h	A 3 heures 12 minutes aprés midy baſſe mer.	B
15	I	12 h	A 9 heures 24 minutes du ſoir haute mer.	H
15	I	18 h	A 3 heures 36 minutes aprés minuit baſſe mer.	B
16	I		A 9 heures 48 minutes du matin haute mer.	H
16	I	6 h	A 4 heures aprés midy baſſe mer.	B
16	I	12 h	A 10 heures 12 minutes du ſoir haute mer.	H
16	I	18 h	A 4 heures 24 minutes aprés minuit baſſe mer.	B
17	I		A 10 heures 36 minutes du matin haute mer.	H
17	I	6 h	A 4 heures 48 minutes aprés midy baſſe mer.	B

17	I	12	h	A 11 heures du ſoir haute mer.	H
17	I	18	h	A 5 heures 12 minutes du matin baſſe mer.	B
18	I			A 11 heures 24 minutes du matin haute mer.	H
18	I	6	h	A 5 heures 36 minutes aprés midy baſſe mer.	B
18	I	12	h	A 11 heures 48 minutes du ſoir haute mer.	H
18	I	18	h	A 6 heures du matin baſſe mer.	B
19	I			A 12 heures 12 minutes aprés midy haute mer.	H
19	I	6	h	A 6 heures 24 minutes du ſoir baſſe mer.	B
19	I	12	h	A 12 heures 36 minutes aprés minuit haute mer.	H
19	I	18	h	A 6 heures 48 minutes du matin baſſe mer.	B
20	I			A 1 heure aprés midy haute mer.	H
20	I	6	h	A 7 heures 12 minutes du ſoir baſſe mer.	B
20	I	12	h	A 1 heure 24 minutes aprés minuit haute mer.	H
20	I	18	h	A 7 heures 36 minutes du matin baſſe mer.	B
21	I			A 1 heure 48 minutes aprés midy haute mer.	H
21	I	6	h	A 8 heures du ſoir baſſe mer.	B
21	I	12	h	A 2 heures 12 minutes aprés minuit haute mer.	H
21	I	18	h	A 8 heures 24 minutes du matin baſſe mer.	B
22	I			A 2 heures 36 minutes aprés midy haute mer.	H
22	I	6	h	A 8 heures 48 minutes du ſoir baſſe mer.	B
22	I	12	h	A 3 heures aprés minuit haute mer.	H
22	I	18	h	A 9 heures 12 minutes du matin baſſe mer.	B
23	I			A 3 heures 24 minutes aprés midy haute mer.	H
23	I	6	h	A 9 heures 36 minutes du ſoir baſſe mer.	B
23	I	12	h	A 3 heures 48 minutes aprés minuit haute mer.	H
23	I	18	h	A 10 heures du matin baſſe mer.	B
24	I			A 4 heures 12 minutes aprés midy haute mer.	H
24	I	6	h	A 10 heures 24 minutes du ſoir baſſe mer.	B
24	I	12	h	A 4 heures 36 minutes aprés minuit haute mer.	H
24	I	18	h	A 10 heures 48 minutes du matin baſſe mer.	B
25	I			A 5 heures du ſoir haute mer.	H
25	I	6	h	A 11 heures 12 minutes du ſoir baſſe mer.	B
25	I	12	h	A 5 heures 24 minutes du matin haute mer.	H
25	I	18	h	A 11 heures 36 minutes du matin baſſe mer.	B
26	I			A 5 heures 48 minutes du ſoir haute mer.	H
26	I	6	h	A 12 heures de nuit baſſe mer.	B
26	I	12	h	A 6 heures 12 minutes du matin haute mer.	H
26	I	18	h	A 12 heures 24 minutes aprés midy baſſe mer.	B

27	I		A 6 heures 36 minutes du ſoir haute mer.	H
27	I	6 h	A 12 heures 48 minutes aprés minuit baſſe mer.	B
27	I	12 h	A 7 heures du matin haute mer.	H
27	I	18 h	A 1 heure 12 minutes aprés midy baſſe mer.	B
28	I		A 7 heures 24 minutes du ſoir haute mer.	H
28	I	6 h	A 1 heure 36 minutes aprés minuit baſſe mer.	B
28	I	12 h	A 7 heures 48 minutes du matin haute mer.	H
28	I	18 h	A 2 heures aprés midy baſſe mer.	B
29	I		A 8 heures 12 minutes du ſoir haute mer.	H
29	I	6 h	A 2 heures 24 minutes aprés minuit baſſe mer.	B
29	I	12 h	A 8 heures 36 minutes du matin haute mer.	H
29	I	18 h	A 2 heure 48 minutes aprés midy baſſe mer.	B
30	I		A 9 heures du ſoir haute mer.	H

Devant les Emſes Orientales.
Devant le Ulie.
Devant le Scholbalch.
En la côte de Friſe & de Vvie-
　　ringue.
Devant Crammer.
Devant Vvinterdune & Jarmout.
A l'emboucheure de la Seine.
Au bout qui eſt à l'Eſt de Vvicht.
Au Ras de Portland.
Entre Garnezey & les Quaſquet-
　　tes.
Devant la Tamiſe.
En la foſſe de Caën & Dieppe.
La pointe ſaint Martin.
Barfleur.
Honfleur & la Hogue.

Sud-Est ¼ de Sud, & Nord-Oüest ¼ de Nord à 9 h 45 minutes.

		o	A 9 heures 45 minutes du soir haute mer.	H
		6 h	A 3 heures 57 minutes aprés minuit basse mer.	B
		12 h	A 10 heures 9 minutes du matin haute mer.	H
		18 h	A 4 heures 21 minutes aprés midy basse mer.	B
1	J		A 10 heures 33 minutes du soir haute mer.	H
1	J	6 h	A 4 heures 45 minutes aprés minuit basse mer.	B
1	J	12 h	A 10 heures 57 minutes du matin haute mer.	H
1	J	18 h	A 5 heures 9 minutes aprés midy basse mer.	B
2	J		A 11 heures 21 minutes du soir haute mer.	H
2	J	6 h	A 5 heures 33 minutes du matin basse mer.	B
2	J	12 h	A 11 heures 45 minutes du matin haute mer.	H
2	J	18 h	A 5 heures 57 minutes du soir basse mer.	B
3	J		A 12 heures 9 minutes aprés minuit haute mer.	H
3	J	6 h	A 6 heures 21 minutes du matin basse mer.	B
3	J	12 h	A 12 heures 33 minutes aprés midy haute mer.	H
3	J	18 h	A 6 heures 45 minutes du soir basse mer.	B
4	J		A 12 heures 57 minutes aprés minuit haute mer.	H
4	J	6 h	A 7 heures 9 minutes du matin basse mer.	B
4	J	12 h	A 1 heure 21 minutes aprés midy haute mer.	H
4	J	18 h	A 7 heures 33 minutes du soir basse mer.	B
5	J		A 1 heure 45 minutes aprés minuit haute mer.	H
5	J	6 h	A 7 heures 57 minutes du matin basse mer.	B
5	J	12 h	A 2 heures 9 minutes aprés midy haute mer.	H
5	J	18 h	A 8 heures 21 minutes du soir basse mer.	B
6	J		A 2 heures 33 minutes aprés minuit haute mer.	H
6	J	6 h	A 8 heures 45 minutes du matin basse mer.	B
6	J	12 h	A 2 heures 57 minutes aprés midy haute mer.	H
6	J	18 h	A 9 heures 9 minutes du soir basse mer.	B
7	J		A 3 heures 21 minutes aprés minuit haute mer.	H
7	I	6 h	A 9 heures 33 minutes du matin basse mer.	B
7	I	12 h	A 3 heures 45 minutes aprés midy haute mer.	H
7	I	18 h	A 9 heures 57 minutes du soir basse mer.	B

8	j		A 4 heures 9 minutes aprés minuit haute mer.	H
8	j	6 h	A 10 heures 21 minutes du matin baſſe mer.	B
8	j	12 h	A 4 heures 33 minutes aprés midy haute mer.	H
8	j	18 h	A 10 heures 45 minutes du ſoir baſſe mer.	B
9	j		A 4 heures 57 minutes aprés minuit haute mer.	H
9	j	6 h	A 11 heures 9 minutes du matin baſſe mer.	B
9	j	12 h	A 5 heures 21 minutes aprés midy haute mer.	H
9	j	18 h	A 11 heures 33 minutes du ſoir baſſe mer.	B
10	j		A 5 heures 45 minutes aprés minuit haute mer.	H
10	j	6 h	A 11 heures 57 minutes du matin baſſe mer.	B
10	j	12 h	A 6 heures 9 minutes du ſoir haute mer.	H
10	j	18 h	A 12 heures 21 minutes aprés minuit baſſe mer.	B
11	j		A 6 heures 33 minutes du matin haute mer.	H
11	j	6 h	A 12 heures 45 minutes aprés midy baſſe mer.	B
11	j	12 h	A 6 heures 57 minutes du ſoir haute mer.	H
11	j	18 h	A 1 heure 9 minutes aprés minuit baſſe mer.	B
12	j		A 7 heures 21 minutes du matin haute mer.	H
12	j	6 h	A 1 heure 33 minutes aprés midy baſſe mer.	B
12	j	12 h	A 7 heures 45 minutes du ſoir haute mer.	H
12	j	18 h	A 1 heure 57 minutes aprés minuit baſſe mer.	B
13	j		A 8 heures 9 minutes du matin haute mer.	H
13	j	6 h	A 2 heures 21 minutes aprés midy baſſe mer.	B
13	j	12 h	A 8 heures 33 minutes du ſoir haute mer.	H
13	j	18 h	A 2 heures 45 minutes aprés minuit baſſe mer.	B
14	j		A 8 heures 57 minutes du matin haute mer.	H
14	j	6 h	A 3 heures 9 minutes aprés midy baſſe mer.	B
14	j	12 h	A 9 heures 21 minutes du ſoir haute mer.	H
14	j	18 h	A 3 heures 33 minutes du matin baſſe mer.	B
15	j		A 9 heures 45 minutes du matin haute mer.	H
15	j	6 h	A 3 heures 57 minutes aprés midy baſſe mer.	B
15	j	12 h	A 10 heures 9 minutes du ſoir haute mer.	H
15	j	18 h	A 4 heures 21 minutes aprés minuit baſſe mer.	B
16	j		A 10 heures 33 minutes du matin haute mer.	H
16	j	6 h	A 4 heures 45 minutes aprés midy baſſe mer.	B
16	j	12 h	A 10 heures 57 minutes du ſoir haute mer.	H
16	j	18 h	A 5 heures 9 minutes aprés minuit baſſe mer.	B
17	j		A 11 heures 21 minutes du matin haute mer.	H
17	j	6 h	A 5 heures 33 minutes aprés midy baſſe mer.	B

17	j	12 h	A 11 heures 45 minutes du ſoir haute mer.	H
17	j	18 h	A 5 heures 57 minutes du matin baſſe mer.	B
18	j		A 12 heures 9 minutes aprés midy haute mer.	H
18	j	6 h	A 6 heures 21 minutes du ſoir baſſe mer.	B
18	j	12 h	A 12 heures 33 minutes aprés minuit haute mer.	H
18	j	18 h	A 6 heures 45 minutes du matin baſſe mer.	B
19	j		A 12 heures 57 minutes aprés midy haute mer.	H
19	j	6 h	A 7 heures 9 minutes du ſoir baſſe mer.	B
19	j	12 h	A 1 heure 21 minutes aprés minuit haute mer.	H
19	j	18 h	A 7 heures 33 minutes du matin baſſe mer.	B
20	j		A 1 heure 45 minutes aprés midy haute mer.	H
20	j	6 h	A 7 heures 57 minutes du ſoir baſſe mer.	B
20	j	12 h	A 2 heures 9 minutes aprés minuit haute mer.	H
20	j	18 h	A 8 heures 21 minutes du matin baſſe mer.	B
21	j		A 2 heures 33 minutes aprés midy haute mer.	H
21	j	6 h	A 8 heures 45 minutes du ſoir baſſe mer.	B
21	j	12 h	A 2 heures 57 minutes aprés minuit haute mer.	H
21	j	18 h	A 9 heures 9 minutes du matin baſſe mer.	B
22	j		A 3 heures 21 minutes aprés midy haute mer.	H
22	j	6 h	A 9 heures 33 minutes du ſoir baſſe mer.	B
22	j	12 h	A 3 heures 45 minutes aprés minuit haute mer.	H
22	j	18 h	A 9 heures 57 minutes du matin baſſe mer.	B
23	j		A 4 heures 9 minutes aprés midy haute mer.	H
23	j	6 h	A 10 heures 21 minutes du ſoir baſſe mer.	B
23	j	12 h	A 4 heures 33 minutes aprés minuit haute mer.	H
23	j	18 h	A 10 heures 45 minutes du matin baſſe mer.	B
24	j		A 4 heures 57 minutes aprés midy haute mer.	H
24	j	6 h	A 11 heures 9 minutes du ſoir baſſe mer.	B
24	j	12 h	A 5 heures 21 minutes aprés minuit haute mer.	H
24	j	18 h	A 11 heures 33 minutes du matin baſſe mer.	B
25	j		A 5 heures 45 minutes aprés midy haute mer.	H
25	j	6 h	A 11 heures 57 minutes du ſoir baſſe mer.	B
25	j	12 h	A 6 heures 9 minutes du matin haute mer.	H
25	j	18 h	A 12 heures 21 minutes aprés midy baſſe mer.	B
26	j		A 6 heures 33 minutes du ſoir haute mer.	H
26	j	6 h	A 12 heures 45 minutes aprés minuit baſſe mer.	B
26	j	12 h	A 6 heures 57 minutes du matin haute mer.	H
26	j	18 h	A 1 heure 9 minutes aprés midy baſſe mer.	B

27	I		A 7 heures 21 minutes du ſoir haute mer.	H
27	I	6 h	A 1 heure 33 minutes aprés minuit baſſe mer.	B
27	I	12 h	A 7 heures 45 minutes du matin haute mer.	H
27	I	18 h	A 1 heures 57 minutes aprés midy baſſe mer.	B
28	I		A 8 heures 9 minutes du ſoir haute mer.	H
28	I	6 h	A 2 heures 21 minutes aprés minuit baſſe mer.	B
28	I	12 h	A 8 heures 33 minutes du matin haute mer.	H
28	I	18 h	A 2 heures 45 minutes aprés midy baſſe mer.	B
29	I		A 8 heures 57 minutes du ſoir haute mer.	H
29	I	6 h	A 3 heures 9 minutes aprés minuit baſſe mer.	B
29	I	12 h	A 9 heures 21 minutes du matin haute mer.	H
29	I	18 h	A 3 heures 33 minutes aprés midy baſſe mer.	B
30	I		A 9 heures 45 minutes du ſoir haute mer.	H

L'Eguille de Vvicht.
Au Canal auprés de Vvicht.
Les Quaſquettes.
Auprés Leytſtaf & Jarmouth hors
  des bancs.
A Ter-Gonuve.
A Vvolf-Horn.

Sud Sud-Eſt, & Nord Nord-Oüeſt à 10 heures 30 minutes.

	0		A 10 heures 30 minutes du ſoir haute mer.	H
	6	h	A 4 heures 42 minutes du matin baſſe mer.	B
	12	h	A 10 heures 54 minutes du matin haute mer.	H
	18	h	A 5 heures 6 minutes aprés midy baſſe mer.	B
1	J		A 11 heures 18 minutes du ſoir haute mer.	H
1	J 6	h	A 5 heures 30 minutes du matin baſſe mer.	B
1	J 12	h	A 11 heures 42 minutes du matin haute mer.	H
1	J 18	h	A 5 heures 54 minutes du ſoir baſſe mer.	B
2	J		A 12 heures 6 minutes aprés minuit haute mer.	H
2	J 6	h	A 6 heures 18 minutes du matin baſſe mer.	B
2	J 12	h	A 12 heures 30 minutes aprés midy haute mer.	H
2	J 18	h	A 6 heures 42 minutes du ſoir baſſe mer.	B
3	J		A 12 heures 54 minutes aprés minuit haute mer.	H
3	J 6	h	A 7 heures 6 minutes du matin baſſe mer.	B
3	J 12	h	A 1 heure 18 minutes aprés midy haute mer.	H
3	J 18	h	A 7 heures 30 minutes du ſoir baſſe mer.	B
4	J		A 1 heure 42 minutes aprés minuit haute mer.	H
4	J 6	h	A 7 heures 54 minutes du matin baſſe mer.	B
4	J 12	h	A 2 heures 6 minutes aprés midy haute mer.	H
4	J 18	h	A 8 heures 18 minutes du ſoir baſſe mer.	B
5	J		A 2 heures 30 minutes aprés minuit haute mer.	H
5	J 6	h	A 8 heures 42 minutes du matin baſſe mer.	B
5	J 12	h	A 2 heures 54 minutes aprés midy haute mer.	H
5	J 18	h	A 9 heures 6 minutes du ſoir baſſe mer.	B
6	J		A 3 heures 18 minutes aprés minuit haute mer.	H
6	J 6	h	A 9 heures 30 minutes du matin baſſe mer.	B
6	J 12	h	A 3 heures 42 minutes aprés midy haute mer.	H
6	J 18	h	A 9 heures 54 minutes du ſoir baſſe mer.	B
7	J		A 4 heures 6 minutes aprés minuit haute mer.	H
7	I 6	h	A 10 heures 18 minutes du matin baſſe mer.	B
7	I 12	h	A 4 heures 30 minutes aprés midy haute mer.	H
7	I 18	h	A 10 heures 42 minutes du ſoir baſſe mer.	B

S

8	I		A 4 heures 54 minutes aprés minuit haute mer.	H
8	I	6 h	A 11 heures 6 minutes du matin baſſe mer.	B
8	I	12 h	A 5 heures 18 minutes aprés midy haute mer.	H
8	I	18 h	A 11 heures 30 minutes du ſoir baſſe mer.	B
9	I		A 5 heures 42 minutes aprés minuit haute mer.	H
9	I	6 h	A 11 heures 54 minutes du matin baſſe mer.	B
9	I	12 h	A 6 heures 6 minutes du ſoir haute mer.	H
9	I	18 h	A 12 heures 18 minutes aprés minuit baſſe mer.	B
10	I		A 6 heures 30 minutes du matin haute mer.	H
10	I	6 h	A 12 heures 42 minutes aprés midy baſſe mer.	B
10	I	12 h	A 6 heures 54 minutes du ſoir haute mer.	H
10	I	18 h	A 1 heure 6 minutes aprés minuit baſſe mer.	B
11	I		A 7 heures 18 minutes du matin haute mer.	H
11	I	6 h	A 1 heure 30 minutes aprés midy baſſe mer.	B
11	I	12 h	A 7 heures 42 minutes du ſoir haute mer.	H
11	I	18 h	A 1 heure 54 minutes aprés minuit baſſe mer.	B
12	I		A 8 heures 6 minutes du matin haute mer.	H
12	I	6 h	A 2 heures 18 minutes aprés midy baſſe mer.	B
12	I	12 h	A 8 heures 30 minutes du ſoir haute mer.	H
12	I	18 h	A 2 heures 42 minutes aprés minuit baſſe mer.	B
13	I		A 8 heures 54 minutes du matin haute mer.	H
13	I	6 h	A 3 heures 6 minutes aprés midy baſſe mer.	B
13	I	12 h	A 9 heures 18 minutes du ſoir haute mer.	H
13	I	18 h	A 3 heures 30 minutes aprés minuit baſſe mer.	B
14	I		A 9 heures 42 minutes du matin haute mer.	H
14	I	6 h	A 3 heures 54 minutes aprés midy baſſe mer.	B
14	I	12 h	A 10 heures 6 minutes du ſoir haute mer.	H
14	I	18 h	A 4 heures 18 minutes aprés minuit baſſe mer.	B
15	I		A 10 heures 30 minutes du matin haute mer.	H
15	I	6 h	A 4 heures 42 minutes aprés midy baſſe mer.	B
15	I	12 h	A 10 heures 54 minutes du ſoir haute mer.	H
15	I	18 h	A 5 heures 6 minutes aprés minuit baſſe mer.	B
16	I		A 11 heures 18 minutes du matin haute mer.	H
16	I	6 h	A 5 heures 30 minutes aprés midy baſſe mer.	B
16	I	12 h	A 11 heures 42 minutes du ſoir haute mer.	H
16	I	18 h	A 5 heures 54 minutes du matin baſſe mer.	B
17	I		A 12 heures 6 minutes aprés midy haute mer.	H
17	I	6 h	A 6 heures 18 minutes du ſoir baſſe mer.	B

17	J	12	h	A 12 heures 30 minutes aprés minuit haute mer.	H
17	J	18	h	A 6 heures 42 minutes du matin basse mer.	B
18	J			A 12 heures 54 minutes aprés midy haute mer.	H
18	J	6	h	A 7 heures 6 minutes du soir basse mer.	B
18	J	12	h	A 1 heure 18 minutes aprés minuit haute mer.	H
18	J	18	h	A 7 heures 30 minutes du matin basse mer.	B
19	J			A 1 heure 42 minutes aprés midy haute mer.	H
19	J	6	h	A 7 heures 54 minutes du soir basse mer.	B
19	I	12	h	A 2 heures 6 minutes aprés minuit haute mer.	H
19	I	18	h	A 8 heures 18 minutes du matin basse mer.	B
20	I			A 2 heures 30 minutes aprés midy haute mer.	H
20	I	6	h	A 8 heures 42 minutes du soir basse mer.	B
20	I	12	h	A 2 heures 54 minutes aprés minuit haute mer.	H
20	I	18	h	A 9 heures 6 minutes du matin basse mer.	B
21	I			A 3 heures 18 minutes aprés midy haute mer.	H
21	I	6	h	A 9 heures 30 minutes du soir basse mer.	B
21	I	12	h	A 3 heures 42 minutes aprés minuit haute mer.	H
21	I	18	h	A 9 heures 54 minutes du matin basse mer.	B
22	I			A 4 heures 6 minutes aprés midy haute mer.	H
22	I	6	h	A 10 heures 18 minutes du soir basse mer.	B
22	I	12	h	A 4 heures 30 minutes aprés minuit haute mer.	H
22	I	18	h	A 10 heures 42 minutes du matin basse mer.	B
23	I			A 4 heures 54 minutes aprés midy haute mer.	H
23	I	6	h	A 11 heures 6 minutes du soir basse mer.	B
23	I	12	h	A 5 heures 18 minutes aprés minuit haute mer.	H
23	I	18	h	A 11 heures 30 minutes du matin basse mer.	B
24	I			A 5 heures 42 minutes aprés midy haute mer.	H
24	I	6	h	A 11 heures 54 minutes du soir basse mer.	B
24	I	12	h	A 6 heures 6 minutes du matin haute mer.	H
24	I	18	h	A 12 heures 18 minutes aprés midy basse mer.	B
25	I			A 6 heures 30 minutes du soir haute mer.	H
25	I	6	h	A 12 heures 42 minutes aprés minuit basse mer.	B
25	I	12	h	A 6 heures 54 minutes du matin haute mer.	H
25	I	18	h	A 1 heure 6 minutes aprés midy basse mer.	B
26	I			A 7 heures 18 minutes du soir haute mer.	H
26	I	6	h	A 1 heure 30 minutes aprés minuit basse mer.	B
26	I	12	h	A 7 heures 42 minutes du matin haute mer.	H
26	I	18	h	A 1 heure 54 minutes aprés midy basse mer.	B

27	I			A 8 heures 6 minutes du ſoir haute mer.	H
27	I	6	h	A 2 heures 18 minutes aprés minuit baſſe mer.	B
27	I	12	h	A 8 heures 30 minutes du matin haute mer.	H
27	I	18	h	A 2 heures 42 minutes aprés midy baſſe mer.	B
28	I			A 8 heures 54 minutes du ſoir haute mer.	H
28	I	6	h	A 3 heures 6 minutes aprés minuit baſſe mer.	B
28	I	12	h	A 9 heures 18 minutes du matin haute mer.	H
28	I	18	h	A 3 heures 30 minutes aprés midy baſſe mer.	B
29	I			A 9 heures 42 minutes du ſoir haute mer.	H
29	I	6	h	A 3 heures 54 minutes aprés minuit baſſe mer.	B
29	I	12	h	A 10 heures 6 minutes du matin haute mer.	H
29	I	18	h	A 4 heures 18 minutes aprés midy baſſe mer.	B
30	I			A 10 heures 30 minutes du ſoir haute mer.	H

A Orfornes & Heruuits au dehors
  des bancs.
A Jarmude ſur la rade.
A Leytſtaf ſur la rade.
Au dedans de Vvicht.
A Bologne.
A Saint Helena & Galshot.

Sud ¼ de Sud-Est, & Nord ¼ de Nord-Oüest à 11 h 15 minutes.

		0		A 11 heures 15 minutes du soir haute mer.	H
		6	h	A 5 heures 27 minutes du matin basse mer.	B
		12	h	A 11 heures 39 minutes du matin haute mer.	H
		18	h	A 5 heures 51 minutes du soir basse mer.	B
1	J			A 12 heures 3 minutes après minuit haute mer.	H
1	J	6	h	A 6 heures 15 minutes du matin basse mer.	B
1	J	12	h	A 12 heures 27 minutes après midy haute mer.	H
1	J	18	h	A 6 heures 39 minutes du soir basse mer.	B
2	J			A 12 heures 51 minutes après minuit haute mer.	H
2	J	6	h	A 7 heures 3 minutes du matin basse mer.	B
2	J	12	h	A 1 heure 15 minutes après midy haute mer.	H
2	J	18	h	A 7 heures 27 minutes du soir basse mer.	B
3	J			A 1 heure 39 minutes après minuit haute mer.	H
3	J	6	h	A 7 heures 51 minutes du matin basse mer.	B
3	J	12	h	A 2 heures 3 minutes après midy haute mer.	H
3	J	18	h	A 8 heures 15 minutes du soir basse mer.	B
4	J			A 2 heures 27 minutes après minuit haute mer.	H
4	J	6	h	A 8 heures 39 minutes du matin basse mer.	B
4	J	12	h	A 2 heures 51 minutes après midy haute mer.	H
4	J	18	h	A 9 heures 3 minutes du soir basse mer.	B
5	J			A 3 heures 15 minutes après minuit haute mer.	H
5	J	6	h	A 9 heures 27 minutes du matin basse mer.	B
5	I	12	h	A 3 heures 39 minutes après midy haute mer.	H
5	I	18	h	A 9 heures 51 minutes du soir basse mer.	B
6	I			A 4 heures 3 minutes après minuit haute mer.	H
6	I	6	h	A 10 heures 15 minutes du matin basse mer.	B
6	I	12	h	A 4 heures 27 minutes après midy haute mer.	H
6	I	18	h	A 10 heures 39 minutes du soir basse mer.	B
7	I			A 4 heures 51 minutes après minuit haute mer.	H
7	I	6	h	A 11 heures 3 minutes du matin basse mer.	B
7	I	12	h	A 5 heures 15 minutes après midy haute mer.	H
7	I	18	h	A 11 heures 27 minutes du soir basse mer.	B

8	j			A 5 heures 39 minutes aprés minuit haute mer.	H
8	j	6	h	A 11 heures 51 minutes du matin basse mer.	B
8	j	12	h	A 6 heures 3 minutes du soir haute mer.	H
8	j	18	h	A 12 heures 15 minutes aprés minuit basse mer.	B
9	j			A 6 heures 27 minutes du matin haute mer.	H
9	j	6	h	A 12 heures 39 minutes aprés midy basse mer.	B
9	j	12	h	A 6 heures 51 minutes du soir haute mer.	H
9	j	18	h	A 1 heure 3 minutes aprés minuit basse mer.	B
10	j			A 7 heures 15 minutes du matin haute mer.	H
10	j	6	h	A 1 heure 27 minutes aprés midy basse mer.	B
10	j	12	h	A 7 heures 39 minutes du soir haute mer.	H
10	j	18	h	A 1 heure 51 minutes aprés minuit basse mer.	B
11	j			A 8 heures 3 minutes du matin haute mer.	H
11	j	6	h	A 2 heures 15 minutes aprés midy basse mer.	B
11	j	12	h	A 8 heures 27 minutes du soir haute mer.	H
11	j	18	h	A 2 heures 39 minutes aprés minuit basse mer.	B
12	j			A 8 heures 51 minutes du matin haute mer.	H
12	j	6	h	A 3 heures 3 minutes aprés midy basse mer.	B
12	j	12	h	A 9 heures 15 minutes du soir haute mer.	H
12	j	18	h	A 3 heures 27 minutes aprés minuit basse mer.	B
13	j			A 9 heures 39 minutes du matin haute mer.	H
13	j	6	h	A 3 heures 51 minutes aprés midy basse mer.	B
13	j	12	h	A 10 heures 3 minutes du soir haute mer.	H
13	j	18	h	A 4 heures 15 minutes aprés minuit basse mer.	B
14	j			A 10 heures 27 minutes du matin haute mer.	H
14	j	6	h	A 4 heures 39 minutes aprés midy basse mer.	B
14	j	12	h	A 10 heures 51 minutes du soir haute mer.	H
14	j	18	h	A 5 heures 3 minutes aprés minuit basse mer.	B
15	j			A 11 heures 15 minutes du matin haute mer.	H
15	j	6	h	A 5 heures 27 minutes aprés midy basse mer.	B
15	j	12	h	A 11 heures 39 minutes du soir haute mer.	H
15	j	18	h	A 5 heures 51 minutes du matin basse mer.	B
16	j			A 12 heures 3 minutes aprés midy haute mer.	H
16	j	6	h	A 6 heures 15 minutes du soir basse mer.	B
16	j	12	h	A 12 heures 27 minutes aprés minuit haute mer.	H
16	j	18	h	A 6 heures 39 minutes du matin basse mer.	B
17	j			A 12 heures 51 minutes aprés midy haute mer.	B
17	j	6	h	A 7 heures 3 minutes du soir basse mer.	B

17	j	12 h	A 1 heure 15 minutes aprés minuit haute mer.	H
17	j	18 h	A 7 heures 27 minutes du matin baſſe mer.	B
18	j		A 1 heure 39 minutes aprés midy haute mer.	H
18	j	6 h	A 7 heures 51 minutes du ſoir baſſe mer.	B
18	j	12 h	A 2 heures 3 minutes aprés minuit haute mer.	H
18	j	18 h	A 8 heures 15 minutes du matin baſſe mer.	B
19	j		A 2 heures 27 minutes aprés midy haute mer.	H
19	j	6 h	A 8 heures 39 minutes du ſoir baſſe mer.	B
19	j	12 h	A 2 heures 51 minutes aprés minuit haute mer.	H
19	j	18 h	A 9 heures 3 minutes du matin baſſe mer.	B
20	j		A 3 heures 15 minutes aprés midy haute mer.	H
20	j	6 h	A 9 heures 27 minutes du ſoir baſſe mer.	B
20	j	12 h	A 3 heures 39 minutes aprés minuit haute mer.	H
20	j	18 h	A 9 heures 51 minutes du matin baſſe mer.	B
21	j		A 4 heures 3 minutes aprés midy haute mer.	H
21	j	6 h	A 10 heures 15 minutes du ſoir baſſe mer.	B
21	j	12 h	A 4 heures 27 minutes aprés minuit haute mer.	H
21	j	18 h	A 10 heures 39 minutes du matin baſſe mer.	B
22	j		A 4 heures 51 minutes aprés midy haute mer.	H
22	j	6 h	A 11 heures 3 minutes du ſoir baſſe mer.	B
22	j	12 h	A 5 heures 15 minutes aprés minuit haute mer.	H
22	j	18 h	A 11 heures 27 minutes du matin baſſe mer.	B
23	j		A 5 heures 39 minutes aprés midy haute mer.	H
23	j	6 h	A 11 heures 51 minutes du ſoir baſſe mer.	B
23	j	12 h	A 6 heures 3 minutes du matin haute mer.	H
23	j	18 h	A 12 heures 15 minutes aprés midy baſſe mer.	B
24	j		A 6 heures 27 minutes du ſoir haute mer.	H
24	j	6 h	A 12 heures 39 minutes aprés minuit baſſe mer.	B
24	j	12 h	A 6 heures 51 minutes du matin haute mer.	H
24	j	18 h	A 1 heure 3 minutes aprés midy baſſe mer.	B
25	j		A 7 heures 15 minutes du ſoir haute mer.	H
25	j	6 h	A 1 heure 27 minutes aprés minuit baſſe mer.	B
25	j	12 h	A 7 heures 39 minutes du matin haute mer.	H
25	j	18 h	A 1 heure 51 minutes aprés midy baſſe mer.	B
26	j		A 8 heures 3 minutes du ſoir haute mer.	H
26	j	6 h	A 2 heures 15 minutes aprés minuit baſſe mer.	B
26	j	12 h	A 8 heures 27 minutes du matin haute mer.	H
26	j	18 h	A 2 heures 39 minutes aprés midy baſſe mer.	B

27	I		A 8 heures 51 minutes du ſoir haute mer.	H
27	I	6 h	A 3 heures 3 minutes aprés minuit baſſe mer.	B
27	I	12 h	A 9 heures 15 minutes du matin haute mer.	H
27	I	18 h	A 3 heures 27 minutes aprés midy baſſe mer.	B
28	I		A 9 heures 39 minutes du ſoir haute mer.	H
28	I	6 h	A 3 heures 51 minutes aprés minuit baſſe mer.	B
28	I	12 h	A 10 heures 3 minutes du matin haute mer.	H
28	I	18 h	A 4 heures 15 minutes aprés midy baſſe mer.	B
29	I		A 10 heures 27 minutes du ſoir haute mer.	H
29	I	6 h	A 4 heures 39 minutes aprés minuit baſſe mer.	B
29	I	12 h	A 10 heures 51 minutes du matin haute mer.	H
29	I	18 h	A 5 heures 3 minutes aprés midy baſſe mer.	B
30	I		A 11 heures 15 minutes du ſoir haute mer.	H

Entre Greupelſant & le Kriel.
Dedans Orfordneſſe.
A Hantomne.
A Portsmuyen & à Vvolffers-
  horn.
A Calshot.
A Vvicht.
Devant le Havre de Caën.

Plusieurs Côtes , Villes & Ports de Mer , où la Mer croît &
décroît ; sçavoir en la mer de Tartarie ; en l'Ocean Septentrional ;
en la Neufve Zemle ; en la mer de Pitzorkue ; en celle de
Noort-Zée ; en la mer de Moscovie & du Norvvegue.

*Plufieurs Côtes, Villes & Ports de Mer, où la Mer croît & décroît;
en la Groenlande; Iflande; Friflande; Mer Chriftiane; Nouveau
Dannemarck, & le Hudfon Bay.*

Pluſieurs Côtes, *Villes & Ports de Mer, de la Scandinavie; Norvvegue; Suede & Dannemarck, où la Mer croît & décroît.*

V

Sehiermonnikoge.

T

Teltsquelode page
Triostoof page
Tivibhri page
Tibierskoy Noos.
Trekomingar page
Tiebna VVoloch.
Trano. page
Tuyle, Isle. page
Trelborg page
Texel, Isle. page

V

VVicle. page
VVanofflodo page

VVarsiga. page
VVasse. page
VVardhus page
VVefrol. page
VVaron. page
VVest Fiordh page
VVayen, Isle.
VVittholin. page
Vithouer. page
Utiver page
Utsier, Isle. page
Undal, riviere.
Udnar, Isle. page
VVerlum, Côte de
Dannemarc. page

Verde. page
VVeddoree page
VVismar. page
VVangeroge page
Ulieland. page
VVieringen page

X

Y

Z

Zorno nos. page

Côtes, Isles, Villes & Ports de Mer du Royaume de Dannemarck & Suede, où la Mer croît & décroît.

Alborch. page
Ascens. page
Aaroe page
Arhusen. page
Agger, Isle. page
Appenrade. page
Alsen, Isle. page
Arroe, Isle. page
Ascho. page
Ahuys page
Arcona destructa.
Atterendorp. La riviere
se rend dans le fleuve
de l'Elbe. page
Aurich, Pays bas.

B

Bahus. page
Bach, ou Bacca.
Bouvens. page
Beltsund. page

Bytte, Isle. page
Buyhuis. page
Borcholm. page
Burg, en l'Isle de Femeren. page
Bolenborg page
N, Buccou page
Borg en l'Isle de Fyenie. page
Bardt. page
Bouvensberg page
Boffling. page
Buttel, ou Brunsbuttel.
La riviere se rend dans
le fleuve de l'Ebe.
Boxtehude. La riviere
de cette Ville se rend
dans le fleuve de l'Ebe
page
Bruns & Buttel, à 4

lieuës de la bouche de
l'Ebe, qui valét 8 lieuës
communes de France.
Bremé. page
Bergen. page

C

Cartemunde. page
Cronebu ge. page
Coppenhague, ou Kiobenhafgen page
Christianope. page
Christianopel, Port de
mer. page
Christianstad. page
Cappell & Sleymunde.
page
Calmar. page

Côtes, Isles, Villes & Ports de Mer du Royaume d'Angleterre ou la Mere croît & decroît.

Y

Côtes, Iſles , Villes & Ports de Mer des Etats de Hollande, ou la Mer croît & decroît.

Z

Côtes, Iſles, Villes & Ports de Mer du Royaume de France, ou la Mer croît & decroît.

Côtes, Isles, Villes & Ports de Mer d'Espagne & Portugal, ou la Mer croît & décroît depuis Bayonne côte de France, jusqu'au détroit de Gibraltar.

B b

Côtes, Isles, Villes & Ports de Mer (ou la Mer croît & décroit) depuis le détroit de Gibraltar, jusques au détroit de Babel-Mandel ou Mer Rouge.

Côtes, Isles, Villes & Ports de mer (ou la mer croît & décroît) depuis la nouvelle Zemle & mer de Tartarie, en allant vers les Isles du Iapon, & mer de la Chine, jusqu'au détroit de Gibaltar.

Côtes, Isles, Villes & Ports de Mer, (ou la mer croît & decroît,) depuis le Baffins Bay ; Détroit de Davis au Pole Arcticque, en allant vers le nouveau Danemarck ; mer Vermeille ; mer de Californie ; mer de Sud ; mer de Perou ; mer de Chili, jusqu'au détroit de Magellan, & du Maire.

Détroit

Côtes, Isles, Villes & Ports de Mer, (ou la mer croît & decroît,) depuis le Baffins Bay ; Détroit de Davis au Pole Arcticque, en allant vers la Gronelande, Isle d'Islande ; mer de Canada, ou de Nouvelle France ; mer de Mexique, ou de Nouvelle Espagne ; mer de Bresil ; mer de Paraquay jusqu'au détroit de Magellan.

DES LONGITUDES,

Eu égard aux Flux à Flux, & aux Reflux à Reflux de la Mer.

Vant d'entrer dans la maniere de se servir des Longitudes eu égard aux Marées sur le cours du Soleil, il est necessaire que je fasse remarquer deux choses essentielles.

La premiere que l'on doit remarquer, est, qu'en quantité d'endroits des côtes de la Mer, Isles, Ports & Rivieres, & tout au tour du Globe, les Flux à Flux & les Reflux à Reflux y sont le 15 & le 30ᵐᵉ jour du mois de la Marée aux heures suivantes; sçavoir, haute mer de six heures à 12 heures; à 12 heures 45 minutes; à 1 heure 30 minutes; à 2 heures 15 minutes; à 3 heures à 3 h. 45 minutes; à 4 h. 30 minutes; à 5 heures 15 minutes; à 6 heures; à 6 heures 45 minutes; à 7 heures 30 minutes; à 8 heures 15 minutes; à 9 h. à 9 h 45 minutes; à 10 heures 30 minutes, & à 11 heures 15 minutes.

Or si nous venons de vous particulariser qu'aux heures cy-dessus denommées, les Flux & les Reflux se trouvent en quantité d'endroits tout au tour du Globe, vous remarquerez cette seconde chose en l'usage de la Marine, qui est, que si le long d'un bordage de rocher qui pour-

D d

ra avoir cent ou 120 lieuës de longitude, l'enfleuré du
Flux s'y décharge en méme tems (& par exemple qu'il y
foit pleine mer de 6 heures le 15 & le 30me jour de la Marée) tous les lieux & Ports de mer de cette côte, quoy
qu'ils different entr'eux de longitude, font tous dénom-
més d'un même meridien. Nord ou Sud. Cependant le
lieu ou port de mer de cette longitude, qui fera plus
Oriental de 112 lieuës & demie, aura plûtôt fon midy
de 22 minutes & 30 fecondes, que l'autre port qui fera
de 112 lieuës & demie plus Occidental.

Par les deux remarques que je viens de faire, on a cette connoiffance, que pour éviter la peine de faire mul-
titudes de Tables, eu égard à tous les degrez de longitude & de latitude où le Flux & le Reflux croît & decroît,
on fe contente de marquer au Globe 32 Meridiens, appellez les 32 Rhumbs de Vents, chacun defquels a de
diftance de l'un à l'autre 225 lieuës à vingt lieuës pour
degré. Or comme chaque rhumb ou meridien prend
l'un fur l'autre 112 lieuës & demie, il s'enfuit que la plus
grande difference de l'heure à mettre un lieu qui differe
de longitude à un autre; ne peut aller qu'à 22 minutes
d'heure & 30 fecondes.

La grande Figure que j'ay donnée qui eft en la page
28 de ce livre où les 31 jours du mois fluxifte Solaire
font marquez, & qui oûtre les heures & les minutes de
la haute & & baffe mer, defignent les longitudes ; ces
longitudes-là ne fervent que pour l'Ifle de Mafcarenhas,
fcituée à 90 degrez de longitude & à 2 degrez & demy
de latitude Sud, & laquelle Ifle a fa haute mer à 12 heures le 15 ou le 30me jour vulgairement dits l'âge de la Lune.

Pour fçavoir en quel degré de longitude fe trouve le

Soleil lors des hautes & baſſes mers, depuis le premier jour du mois juſques au 30ᵐᵉ jour vulgairement dit l'âge de la Lune, quoy qu'improprement dit l'âge de la Lune, veu que les 15 & 30ᵐᵉ jours ſuppoſez qu'à la Lune pris ſur le compte de l'épacte, ſont à l'égard de chaque meridien où on compte 15 & 30 jours, les propres jours du Soleil. Voyez la page 43 où j'en ay traité. Mais au reſte comme les noms ne font rien à la choſe, j'uſeray des termes de l'indice pour le renouvellement des mois des Marées, ſous les ſignifications entenduës de l'Epacte, par laquelle on pretend connoître l'âge de la Lune.

Pour donc ſçavoir à quels degrez de longitude ſe trouve le Soleil lors des hautes & baſſes mers pendant tout le mois de la marée : Il faut premierement remarquer, que le circuit que fait la ligne Equinoctiale ſur laquelle on compte les longitudes, eſt diviſée en 360 parties égales qu'on appelle degrez ; & pour premier meridien celuy qui paſſe par l'Iſle S. Maria d'Agoſta, laquelle répond au premier degré de longitude & à 20 degrez de latitude Sud: l'Iſle de Martin Vas eſt au ſecond degré de longitude & à 20 degrez de latitude.

TABLE DES DEGREZ DE LONGITVDES
rapportez aux heures & aux minutes.

Degrez de longitudes	Heures & minutes.	Degrez de longitudes	Heures & minutes.	Degrez de longitudes	Heures & minutes
180 deg.	12 h	149 deg.	9 h 56 m	119 deg.	7 h 56 m
179	11 h 56 m	148	9 52	118	7 52
178	11 52	147	9 48	117	7 48
177	11 48	146	9 44	116	7 44
176	11 44	145	9 40	115	7 40
175	11 40	144	9 36	114	7 36
174	11 36	143	9 32	113	7 32
173	11 32	142	9 28	112	7 28
172	11 28	141	9 24	111	7 24
171	11 24	140	9 20	110	7 20
170	11 20	139	9 16	109	7 16
169	11 16	138	9 12	108	7 12
168	11 12	137	9 8	107	7 8
167	11 8	136	9 4	106	7 4
166	11 4	135 deg.	9 h	105 deg.	7 h
165 deg.	11 h				
164 deg.	10 h 56 m	134 deg.	8 h 56 m	104 deg.	6 h 56 m
163	10 52	133	8 52	103	6 52
162	10 48	132	8 48	102	6 48
161	10 44	131	8 44	101	6 44
160	10 40	130	8 40	100	6 40
159	10 36	129	8 36	99	6 36
158	10 32	128	8 32	98	6 32
157	10 28	127	8 28	97	6 28
156	10 24	126	8 24	96	6 24
155	10 20	125	8 20	95	6 20
154	10 16	124	8 16	94	6 16
153	10 12	123	8 12	93	6 12
152	10 8	122	8 8	92	6 8
151	10 4	121	8 4	91	6 4
150 deg.	10 h	120 deg.	8 h	90 degrez	6 h

Deg. de longitud.	Heures & minut.	Deg. de longitud	Heures & minut.	Degrez de longitudes.	Heures & minutes.
89 deg.	5 h 56 m	59 deg.	3 h 56 m	29 deg.	1 h 56 m
88	5 52	58	3 52	28	1 52
87	5 48	57	3 48	27	1 48
86	5 44	56	3 44	26	1 44
85	5 40	55	3 40	25	1 40
84	5 36	54	3 36	14	1 36
83	5 32	53	3 32	23	1 32
82	5 28	52	3 28	22	1 28
81	5 24	51	3 24	21	1 24
80	5 20	50	3 20	20	1 20
79	5 16	49	3 16	19	1 16
78	5 12	48	3 12	18	1 12
77	5 8	47	3 8	17	1 8
76	5 4	46	3 4	16	1 4
75 deg	5 h	45 deg.	3 h	15 deg.	1 h
74	4 h 56 m	44 deg.	2 h 56 m	14 deg.	56 minutes.
73	4 52	43	2 52	13	52
72	4 48	42	2 48	12	48
71	4 44	41	2 44	11	44
70	4 40	40	2 40	10	40
69	4 36	39	2 36	9	36
68	4 32	38	2 32	8	32
67	4 28	37	2 28	7	28
66	4 24	36	2 24	6	24
65	4 20	35	2 20	5	20
64	4 16	34	2 16	4	16
63	4 12	33	2 12	3	12
62	4 8	32	2 8	2	8
61	4 4	31	2 4	1 degré.	4 minutes
60 deg.	4 h	30 deg.	2 h		

Qu'il foit queftion de dire le lieu où fe trouve le Soleil à l'égard de quelque lieu que ce foit de la mer , depuis le premier du mois de la marée jufques au 30ᵐᵉ jour

Suppofons premierement , que le iour auquel vous
avez fait l'obfervation de l'heure precife de la haute mer,
foit fi vous voulez pour exemple en France , la Ville
de faint Malo ; & que ce foit le 3 de l'âge de la Lune,
faut chercher dans les Tables faint Malo , & vis à vis du
3 jour fera trouvé que la pleine mer de fix heures y eft à
huit heures 24 minutes du foir. 2 que ce Flux eft le
premier des deux qui arrivent chaque jour. 3 que le rivage de faint Malo eft au 18 degré de longitude, & de
latitude 48 degrez 40 minutes.

Je dis en ce cas-là que lors que la haute mer de fix
heures eftoit à faint Malo le 3 de l'âge de la Lune à 8
heures 24 minutes du foir; le Soleil eftoit au 144ᵐᵉ degré de longitude. Et cette longitude je la trouve à la fa-
veur de deux Tables : la Table des Marées page 113 *Eft*
& *Oüeft* en laquelle faint Malo eft mis ; & la Table cy-
deffus page 184 qui fait le rapport des degrez de longitudes avec les heures & les minutes , & enfin pour con-
noiftre telles longitudes, en voicy la maniere.

Je regarde pour faint Malo dans la Table des Marées
le 3 de l'âge de la Lune, & vis à vis ce 3ᵐᵉ jour je trouve la haute mer de fix heures y être à 8 heures 24 minutes du foir (Remarquez que pour additionner & fouftraire, il faut avoir égard fi les heures des hautes & des baffes mers font du foir ou du matin) cela eftant fceu, je cherche dans la Table dont je viens de parler, page 184 combien de degrez valent 8 heures 24 minutes , & trouve vis
à vis des 8 heures 24 minutes 126 degrez de longitudes;

& parce que les 8 heures 24 minutes dans les Tables des Marées font marquées être du foir, faut au nombre de 126 degrez à quoy répondent 8 heures 24 minutes du foir y joindre les 18 degrez de longitude qu'a faint Malo, & avec ces deux nombres on a 144 degrez de longitude qui eft le lieu où fe trouve le Soleil, lors qu'à 8 heures 24 minutes du foir, il eft haute mer de fix heures à S. Malo le troifiéme jour de l'âge de la Lune. Et fi au

OBSERVATIONS NECESSAIRES

Qui ne confiftent qu'à additionner & fouftraire pour connoître
les Longitudes & le lieu où fe trouve le Soleil,
eu égard au Flux & au Reflux.

POur faire comprendre ces Obfervations, j'en feray la demonftration fur l'Ifle de Mafcarenhas fcituée au 90ᵐᵉ degré de longitude, & à 2 degrez & demy de latitude Sud.

Parce que cette Ifle de Mafcarenhas recoit fa haute mer de 6 heures à 12 heures le 15 & le trentiéme jour dit l'âge de la Lune, je me fers de la Table dénommée Sud & Nord qui commence à la page 170 de ce Livre.

OBSERVATIONS
Pour les Longitudes.

Table du Sud & Nord à 12 heures.

Aage de la Lune	
O	A 12 heures de jour, haute mer de six heures à l'Isle de Mascarenhas, le Soleil au 90.me degré de Longitude. H
6 h	A 6 heures 12 minutes du soir, basse mer de six heures.
DD	6 heures 12 minutes valent 93 degrez Pour connoître que 6 heures 12 minutes valent 93 degrez, voyez dans la Table du rapport des degrez aux heures & aux minutes. qui est en la page 184 & vous trouverez que 6 heures 12 minutes valent 93 degrez. Lors qu'il sera question d'additionner les degrez de longitude de l'Isle de Mascarenhas, qui sont 90 degrez avec les degrez qui correspondent aux heures & aux minutes des hautes & des basses mers, ou bien qu'il les faudra soustraire, prenez garde si les heures de la haute mer ou de la basse mer sont aux heures du matin ou du soir.

A 6 heures 12 minutes du soir, basse mer.

      6 heures 12 minutes valent   93 degrez

                   ajoûtez   90 degrez

Le Soleil est au 183 degré de longitude

Aage de la Lune
12 h
 	
VV
	A 12 heures 24 minutes aprés minuit, haute mer.
	
	Laiſſez les douze heures à part , & ne faites état que de la valeur de 24 minutes, qui valent 6 degrez, cy 6 degrez
	        ajoûrez 360 degrez
	        ſont 366 degrez
	        ôtez 90 degrez
	
	Le Soleil eſt au 276 d. de longitude

18 h
 	
D
	A 6 heures 36 minutes du matin, baſſe mer
	   6 heures 36 minutes, valent 99 degrez
	           ôtez 90 degrez
	
	Le Soleil eſt au 9 d. de longitude

1 jour V	A 12 heures 48 minutes aprés midy , haute mer. Laiſſez les 12 heures à part , & ne faites état que de la valeur des 48 minutes, c'eſt 12 deg. ajoûtez 90 degrez Le Soleil eſt au 102 d. de longitude

1 jour
6 h
DD
	A 7 heures du ſoir, baſſe mer.
	   7 heures valent 105 degrez
	         ajoûtez 90 degrez
	   Le Soleil eſt au 102 d. de longitude.

E e

Aage de la Lune	
1 jour 12 h VV	A 1 heure 12 minutes aprés minuit, haute mer.
	1 heure 12 minutes valent 18 degrez
	ajoûtez 360 degrez
	378 degrez
	ôtez 90 degrez
	Le Soleil est au 288 d. de longitude
1 jour 18 h D	A 7 heures 24 minutes du matin, basse mer.
	7 heures 24 minutes valent 111 degrez
	ôtez 90 degrez
	Le Soleil est au 21 d. de longitude
2 J V	A 1 heure 36 minutes aprés midy, haute mer
	1 heure 36 minutes valent 24 degrez
	ajoûtez 90 degrez
	Le Soleil est au 114 d. de longitude
2 J 6 h D D	A 7 heures 48 minutes du soir, basse mer.
	7 heures 48 minutes valent 117 degrez
	ajoûtez 90 degrez
	Le Soleil est au 207 d. de longitude

<table>
<tr><td>

Aage de
la Lune

2 J
12 h

VV

</td><td>

A 2 heures aprés minuit, haute mer.

Remarquez, que parce que les 2 heures ne valent que 30 degrez, lesquels font moindres que les 90 degrez qu'a la longitude de l'Ifle de Mafcarenhas, & que l'heure eft aprés minuit ; en ce cas faut ajoûter 360 degrez avec les degrez qui font moindres que la longitude de l'Ifle ou port de mer où vous êtes, & en fouftrayant les degrez de la longitude où vous êtes, le refte eft le degré de longitude où fe trouve le Soleil

</td></tr>
</table>

2 heures valent	30 degrez
ajoûtez	360 degrez
font	390 degrez
ôtez	90 degrez

Le Soleil eft au 300 d. de longitude

<table>
<tr><td>

2 J
18 h

D

</td><td>

A 8 heures 12 minutes du matin, baffe mer

</td></tr>
</table>

8 heures 12 minutes valent	123 degrez
ôtez	90 degrez

Le Soleil eft au 33 d. de longitude

<table>
<tr><td>

3 J

V

</td><td>

A 2 heures 24 minut. aprés midy, haute mer

</td></tr>
</table>

2 heures 24 minutes valent	36 degrez
ajoûtez	90 degrez

Le Soleil eft au 126 degré de longitude

Aage de la Lune	
7 J 18 h V	A 12 heures 12 minutes aprés midy , basse mer. Laissez à part les 12 heures , & ne faites état que de la valeur de 12 minutes, c'est 3 degrez ajoûtez 90 degrez Le Soleil est au 93 d. de longitude
9 J 18 h V	A 1 heure 48 minutes aprés midy , basse mer 1 heure 48 minutes valent 27 degrez ajoûtez 90 degrez Le Soleil est au 117 d. de longitude

Je laisse les Cartes Marines comme elles sont ; on sçait qu'elles marquent les longitudes & les latitudes de chacun lieu, Côtes Isles & Ports de mer , & ainsi aprés les exemples que j'ay données , je croy m'estre suffisamment expliqué , & que l'on peut en tous les endroits de la mer où le Flux & le Reflux est sensible, estre asseuré par l'heure des marées du degré de longitude où le Soleil se trouve dans tous les momens du jour.

Si l'Eau du Flux entre en la Mer lors que le Flux monte
& se décharge sur iceluy.

L'Enfleure du Flux entrant dans les emboucheures des Fleuves, l'eau du Fleuve qui vient de la source n'entre point pour lors en la mer. La grande inondation qui se fait d'un & d'autre côté du bordage , n'eſt faite que par l'enfleure du flux & par l'eau décendante de la ſource ; car l'enflure du flux qui en ſe dechargeant tombe & s'avance vers la ſource , ayant ſa ſuperfice plus élevée que l'eau du fleuve qui décend , & qu'elle l'a toûjours juſqu'à ce que ſon enfleure ſoit amortie & faſſe en un certain lieu la ſuperficie unie & égale avec celle du fleuve: Fait qu'en tous les lieux qu'elle rencontre la décente de l'eau du fleuve , elle luy ſert de barriere & l'empêche de décendre davantage , & de la ſorte l'oblige en ſe mêlant avec elle d'élargir la riviere.

J'ay remarqué que laiſſant aller au fond de l'eau par le moyen d'une ficelle , un pannier d'ozier où j'avois mis une pierre , le pannier avec la pierre dedans fut entraîné du côté que le Flux montoit.

L'eau ſalée étant plus peſante que l'eau douce , l'enfleure du Flux voulant entrer dans l'emboucheure du Fleuve , paſſe par deſſous l'eau douce qui y eſt , & la repouſſe tellement de ſon lieu , que l'enfleure du Flux qui monte eſt preſque toute ſalée depuis l'emboucheure de la mer juſqu'à Caudebec : de ſorte que l'enfleure qui continuë à faire ſa décharge depuis Caudebec pour aller vers le Pont-de-l'Arche eſt toûjours douce ; c'eſt à dire que les eaux douces qui ſont chaſſées d'au-deſſous de Caudebec , ſont celles qui forment le Flux au deſſus juſques au Pont-de-l'Arche.

Du Nombre d'Or , & de l'Epacte

POur connoître le Nombre d'Or , il faut ajoûter, 1 aux années qui ſont depuis la venuë de Nôtre-Seigneur, puis en faire division par 19, & ce qui sera au quotient de la division montrera le nombre des Cycles du nombre d'Or passez, & le demeurant de la division sera le nombre d'Or courant de l'année où l'on est. S'il ne reste rien à la division il y aura 19 pour nombre d'Or en cette année.

<hr>

Pour sçavoir l'Epacte par le Nombre d'Or.

LE Nombre d'Or estant sceu, observez le compte suivant sur les lettres A, B, C, mettez 10 sur la lettre A, 30 sur la lettre du milieu B, & sur C mettez 20. Mais soyez avertis que le compte que l'on fait, ne va que jusques au nombre des Cycles d'Or de l'année en laquelle l'on est. En 1679. il y a 8 de nombre d'Or.

10	30	20
A	B	C
2	1 *Nombre d'or*	3
5	4	6
8	7	

8 pour Nombre d'Or est tombé en la Colomne A qui a 10. Ainsi 10 & 8 font 18 d'Epacte pour l'année 1679

Lors que le Nombre d'Or de l'année où vous êtes, tombe sur les colomnes B 30 ou C 20, & que l'addition faite avec 30 ou avec 20 passe le nombre 30 ; on soustrait 30 de tout ce qui le surpasse, & le reste est l'Epacte

de cét an là. L'Epacte hauſſe de 11 d'an en an. 29 jours
12 heures 30 minutes mois ſynodiq de la Lune, ſont 12
fois, en 354 jours 6 heures, qui eſt l'an vulgairement appellé Lunaire; car 354 jours 6 heures êtant ôtez de 365
jours 6 heures, reſte les 11 jours d'Epacte.

Nombre d'Or.	Années.	Epacte.
7	1678	7
8	1679	18
9	1680	29
10	1681	10
11	1682	21
12	1683	2
13	1684	13
14	1685	24
15	1686	5
16	1687	16
17	1688	27
18	1689	8
19	1690	19

Sçavoir l'âge de la Lune par l'Epacte.

POur ſçavoir par l'uſage de l'Epacte l'âge de la Lune, il faut premierement remarquer que l'Epacte
de l'an precedant ſe compte juſqu'au dernier Février de
l'an qui ſuit. Ainſi ſi pour les mois de Janvier & de
Février de l'année 1679, je deſire ſçavoir l'âge de la Lune, je me ſers de l'Epacte de l'année 1678. En 1678 nous
avions 7 d'Epacte; or 7 d'Epacte, 12 pour les mois qui

qui font depuis Mars 1678 jufques en Février de l'année
1679 , & 3 du mois de Février , font 22 jours : je dis
que le 3 Février de l'année 1679 la Lune eft âgée de 22
jours.

Lors que les mois, l'Epacte & les jours du mois où
vous êtes , étants additionnez enfemble paffent 30 , on
ôte 30 du nombre qui le furpaffe, & ce qui refte eft l'âge
de la Lune. Si ce qui refte vient à 15 on dit que la Lune eft pleine , & fi le nombre fe trouve eftre égal à celuy
de 30 , on tient que la Lune eft nouvelle.

VSAGE DES TABLES VNIVERSELLES
des Marées fur le cours du Soleil

LE renouvellement de chaque Mois de la Marée, ou
mois Fluxifte Solaire, fe trouve par l'ufage de l'E-
pacte ; c'eft à dire l'âge de la Lune ; parce que cét âge
que l'on fuppofe qu'elle a , font toûjours les propres jours
du Soleil, & ne fervent ces 30 jours d'Epacte que de characteres les figurant de 6 heures en 6 heures jufques au
30ᵐᵉ jour, pour fçavoir à qu'elle heure le Soleil donne
les hautes & baffes mers.

La premiere colomne commence donc par un O , qui
defigne le commencement du mois , & va de 6 heures
en 6 heures jufques au trentiéme jour de la Marée. Et
vis à vis font les jours , heures & minutes que le Soleil
a de fon cours dequis qu'il a commencé le mois ; & ainfi
vis à vis de chacune fix heures font les hautes & baffes
mers marquées aux heures & aux minutes que le Soleil
les donnent. La lettre H veut dire haute mer , & la lettre B , baffe mer.

Les

Les lieux de la Mer & des Rivieres qui ont eu la haute mer le 15 & le 30me jour à quelques unes des heures specifiées en l'Indice cy-dessus, seront dénommez du nom que porte le Rhumb de vent ou Meridien. Par exemple, si on connoît un lieu qui ait sa haute mer à 12 heures le 15 ou le 30me jour de la marée, vous le dénommerez de Nord ou Sud ; or le dénommant de Nord ou Sud, vous vous servirez pour tout le mois de cette Table. Ainsi si vous êtes au troisiéme jour de la marée, & que vous desiriez sçavoir l'état de la mer au regard de ce lieu nommé Nord ou Sud, vous regarderez en la Table Nord & Sud page 70 de ce Livre, où est le troisiéme jour, & l'ayant trouvé, vous trouverez qu'il sera deux heures vingt-quatre minutes aprés midy lors de la haute mer de six heures.

En ce Chapitre je reïtere l'avertissement que j'ay déja fait, de ne pas trouver étrange, que je n'aye pas remply l'heure que la marée arrive en chaque Isle, Côtes, Ports de mer & Rivieres : J'ay remply les heures pour tous les endroits dont j'ay eu une certaine connoissance ; car encore que les Cartes fussent incomparablement plus grandes qu'elles ne sont, si n'y auroit-il pas lieu de travailler sur leur description, pour dire l'heure que la marée arrive en chaque endroit le quinze & le trentiéme jour : & il suffit à ceux qui ont la chose au naturel ; je veux dire aux Habitans des Isles & Ports de mer, de remarquer une fois à laquelle des heures dénommées en l'une des seize Tables, la marée sera arrivée chez eux ; & alors une des seize Tables leur servira d'un jour à l'autre, & leur sera perpetuelle.

F f

PREMIERE INDICE
des heures pour se servir des Tables des Marées.

Sud-Eſt quart de Sud , & Nord-Oüeſt quart de Nord
à 9 heures 45 minutes.   page 133
    Sud Sud-Eſt, & Nord Nord-Oüeſt, à 10 heures 30
minutes.   page 137
    Sud quart de Sud-Eſt, & Nord quart de Nord-Oüeſt
à 11 heures 15 minutes.   page 141

FIN.

TABLE

Des Chapitres contenus en ce Livre.

TABLE

TABLE

Fin de la Table.

PERMIS d'imprimer. A Chartres ce deuxiéme May mil six cens soixante-dix neuf.

NICOLE & BEURIER.

www.ingramcontent.com/pod-product-compliance
Lightning Source LLC
Chambersburg PA
CBHW051015060726
47593CB00016B/389